ジャック式生活のオキテ

賢くてアクティブな
ジャック・ラッセル・テリアとの
暮らしの知恵と工夫

編：ジャック式生活編集部

誠文堂新光社

Jack
Gallery

Jack
Gallery

はじめに

個人的には「ジャック・ラッセル・テリア」といえば、とにかく元気でやんちゃでタフな犬というイメージで、ドッグ・スポーツなどにおいては、他の小型犬種の追随を許さない、といった印象の犬種でした。でも、最近は「ジャックって意外に大人しい」とか「すごく飼いやすい犬種」といった意見も聞いたりすることがあります。

そこで今回、実際にジャック・ラッセル・テリアを飼っている方々にご協力いただき、ジャックとの暮らしについて、実際のところを様々な角度から伺ってみました。食事や環境、遊び方や性格についてなど、皆様からたくさんの貴重な情報をお寄せいただきました。

もちろん、犬の性格や暮らし方はそれぞれのご家庭で違って当たり前ですし、この本でご紹介したものがすべてというわけではありません。でも、今現在、ジャック・ラッセル・テリアを飼っている方、そしてこれからジャック・ラッセル・テリアを飼いたいと思っている方にとって、何かしらの参考になるような、リアルなジャックとの暮らしの情報がこの本に詰まっていることは間違いありません。ぜひご一読いただき、楽しいジャックとの暮らしを、もう一歩先へ進めていただければ幸いです。

ジャック式生活編集部

目次 Contents

1 ジャックの性格。

2 ジャックとの楽しみ方。

3 ジャックのおうち。

4 ジャックごはん。。

5 ジャックの家計簿。

6 ジャックの健康と病気。

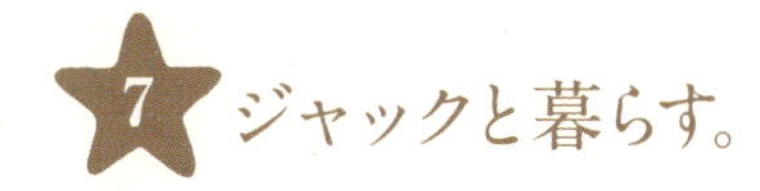

7 ジャックと暮らす。

1

ジャックの性格。

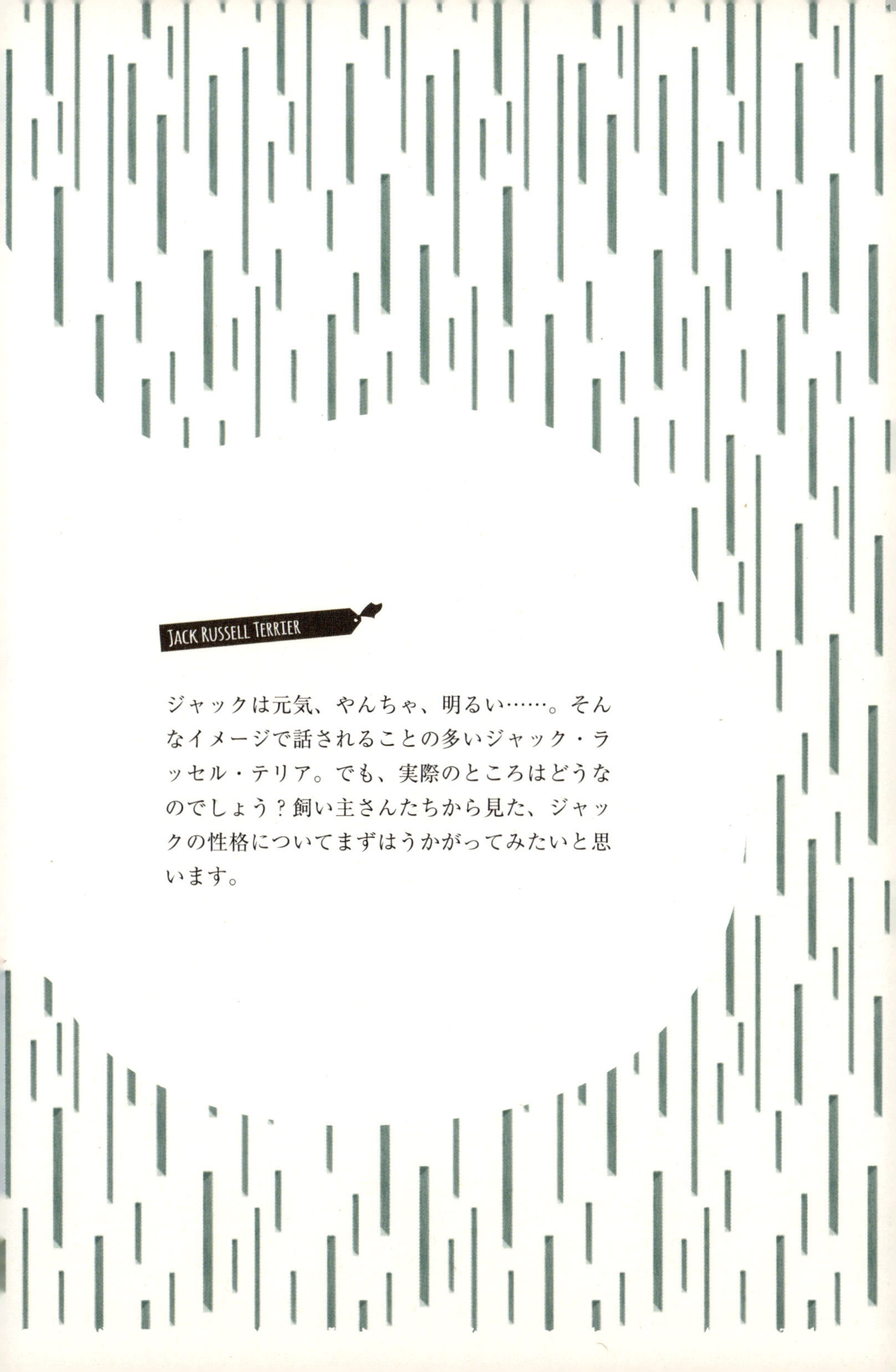

JACK RUSSELL TERRIER

ジャックは元気、やんちゃ、明るい……。そんなイメージで話されることの多いジャック・ラッセル・テリア。でも、実際のところはどうなのでしょう？飼い主さんたちから見た、ジャックの性格についてまずはうかがってみたいと思います。

飼う前と後で、イメージは変わった？

ジャックの飼い主さんたちは、もともと飼う前に持っていたイメージと、実際に飼ってみてのイメージに違いはあったのでしょうか？　まずは、このあたりから聞いてみたいと思います。

みんなの
ジャック式アンケート

Q ジャックを飼ってみて、イメージは変わりましたか？

○ジャックは元気でしつけが大変と思っていたが、そうでもなく。元気ではあるが、とても賢く物覚えもよい。(杏ボニ母さん)

○とにかく可愛い。(あゆさん)

○初めてのコになんの知識もなく、ペットショップで誕生日が同じという理由で迎えたので飼う前の犬種知識はなかったです。最初の子が手の掛からない子だったので次の女の子がコードを噛んだり、靴を噛んだりしたのでビックリしましたけど。(嫁さん)

○かわいい！　愛くるしい！！　より人間ぽいところもある。(聖子さん)

○思っていたより、元気な犬種だった。(コムアズグリさん)

○大変だろうなと思って飼いはじめました。最初（9か月くらいまで）は、甘噛みも凄くて、物をかじって壊す子で、こちらもフラフラになりました。その後は、信頼関係を築くことができて、こんなに頭の良い、楽しい犬はいないとの思いです。今では、日本語はほぼ理解していると思います(笑)。サンディと、春夏秋冬一緒に旅したり、カヤック、海、川、キャンプ本当に楽しい時間をたくさん過ごしています。サンディのお陰で、JRT飼いのお友達ご夫婦と知り合いになり、楽しい時間をたくさん過ごさせてもらっています。こんなに面白くて、楽しくて、賢い犬はいないと思います！(サンディママさん)

○とんでもない犬で手を焼く、返品率ナンバーワンと聞いていましたが、頭も良く、そんなに手を焼くことはありませんでした。(メルシーママさん)

○思っていたより楽しい！(のりぴーさん)

○ほぼ予想通り。(大槻さん)

○びっくりするほど 飼いやすい。(村本理恵さん)

○飼う前にチワワのブリーダーの叔母から飼ってはいけないと聞かされて調べ勉強して、覚悟の上、飼いましたが、それを上回るハイパワーさ運動量、子犬時の破壊活動。
(アンナおっとーさん)

選んだ理由。

現在ジャックと暮らしている飼い主さんたちは、そもそもジャックという犬種を選んだ理由はどんなことだったのでしょう？　見ためがかわいかったから？　スポーツを楽しみたい？　それとも、賢いから？　みなさんがジャックを選んだ理由についてうかがってみました。

みんなのジャック式アンケート

Q ジャックを選んだ理由は？

○CMなどで見て飼ってみたいなぁと思って。**（ふーこさん）**

○一緒に遊べるから**（小鉄パパさん）**

○活動的で勇猛果敢な犬種だから。**（ランパパさん）**

○映画のマスクを見て。賢そうだったから。**（のりぴーさん）**

○やんちゃなコがほしかったので、次はジャックときめていた。**（杏ボニ母さん）**

○主人が、飼いたいと言い出しましたが、半年かけてJRTのことを調べて、覚悟を決めて飼いました（笑）世話やしつけは、私がしています（笑）**（サンディママさん）**

○集合住宅の制限もあり小型犬であるコが第一条件でした。犬種の特徴も調べず、ある意味見た目の可愛さ、短毛であることを頭にいれながらペットショップをみて最初に出会ったのがJRTの哲之心で、一目で気に入りました。**（てつみらママさん）**

○やんちゃなところ。一緒にアクティブに過ごしたかった。賢いパートナーになると思ったから。**（ダンクママさん）**

○糸井重里さん家のブイヨンを見て。**（しのさん）**

○サスケは、ペットショップでひと目惚れ。清志郎は、やはり、ジャックが良かったから。**（サスキヨラブさん）**

性格をひと言で……。

もちろん、ジャックの性格といっても個体差もあれば、育て方や環境によっても異なるでしょうし、飼い主さんの感じ方によっても異なると思います。ということで、実際にジャック飼いのみなさんが思う、ジャックの性格をひと言で表現していただきました。

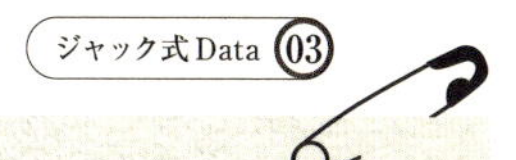

みんなの
ジャック式アンケート

Q ジャックの性格を性格をひと言でいうと？

○やんちゃ。（ナッツママさん）

○ジェイク：おとなしい。リノ：激しい。（ジェシカさん）

○優しい。（酒本和澄さん）

○フレンドリーでちょい悪。（ハンナままさん）

○ジャックらしからぬビビり！でも好奇心は旺盛。（モモのママさん）

○やんちゃ、女の人・犬大好きですがオッサン、男は興味なし。人類、犬類、動物類みな友達。（デデママさん）

○やんちゃ！！（板井謙児さん）

○おとなしい。（かーりんさん）

○ビビり屋のやんちゃっこ。（渡瀬尚子さん）

○賢い。（平澤隆之さん）

○やんちゃで疲れ知らず。（ジャックにぎや家さん）

○おっとりさん♪（あゆみさん）

○クッキーはマイペース。キャンディは、The 女。（ようちゃんさん）

○人間大好き、ビビり、やんちゃ。（イリスははさん）

・わんぱく！（ももままさん）

笑わせてくれたこと。

犬と暮らしていると、時々どうしようもなく笑わせてくれることがあります。思わずニンマリする笑いから、大爆笑まで笑いの種類はさまざまですが、アクティブでめげないジャックなら、日々笑いを提供してくれそうです。ということで、みなさんから笑わせてくれたエピソード、教えていただきました。

みんなの
ジャック式アンケート

Q 笑わせてくれたエピソードを教えてください

○背中を見せると無条件に乗ってきたとき。**(こはく姐さん)**

○木の実が大好きで、秋には木の実(すずかけ)を3個咥えて恐竜のような顔で散歩する。時々ウサギのように跳ねたり匍匐前進したり、散歩中も落ちつきがない。**(イットクさん)**

○早押しクイズの早押しボタンを初めてやらせた時、ボタンを押すように指示をしてましたがおやつ欲しさに連打で押しまくる愛犬に夫婦共に大爆笑でした！ **(ダンクママさん)**

○ブリーダーのオフ会で、晴天だったのに、ドッグランの水場のぬかるんでいるところの泥を塗って、一匹だけどろんこになっていました。**(まいまいさん)**

○おやつ欲しさに覚えてるコマンドをすべてやってみせるので、ひとりで踊ってるように見えること。**(もんろ～さん)**

○『今日のワンコ』の音楽が聞こえた瞬間、テレビ前の定位置でスタンバイ。**(あゆさん)**

○留守番中に同居犬に追い詰められて、帰宅したら、1頭が台所のカウンターの上で固まっていたこと。こぐりがこむぎ、あずきのウンチを落ちる前にパクッと食べてしまっていたこと！ **(コムアズグリさん)**

○ベランダから家に入ろうと、網戸を突き破りました。**(メルシーママさん)**

○ドックフードの袋を勝手に開けて好きなだけ食べてお腹ポンポンになり、体が重すぎでフラフラになって歩いていた。**(のりぴーさん)**

○猛ダッシュでベランダに飛び出そうとして網戸をぶち破った。**(瀬口さん)**

○家に初めて来た夜(生後2か月)、部屋の中をあちこち匂いを嗅いで歩き回っていたが、何気なくテレビを点けたら力士の白鳳の顔がアップで映っていて、それを見てピタッと動きを止め、テレビの前で4つの足を踏ん張りすごく大きな声で吠えたこと。それまでうんともすんとも言わなかったので、びっくりもしたけど、小さい体で白鳳に立ち向かおうとする姿にお腹の底から笑いました。**(ももJRTさん)**

○我が家に来た頃、ルンバやソファの背もたれにうんPをした（笑）**(モナママさん)**

○寝ている夫の顔を舐めまくって、その後吐いた。
(ケイティママさん)

○初めてのお泊りで実家に帰省した際、なかなか寝ないのだが、布団の上でおすわりの姿勢のまま舟をこいでいた。眠いんだけど遊びたかったのかな。**(だいずとうちゃん)**

ウチのコ、賢いなあ。

普段からさまざまな才能を見せつけてくれるジャックさんもいれば、突然、飼い主さんの予想をはるか超える行動に出て驚かせるジャックさんもいます。総じて言えることは、ジャックって、意外と飼い主さんや周りのことをよく観察しているなあ、ということ。観察してからああでもない、こうでもないと知恵を働かせているのかなあ、と思うことが度々あります。ということで、飼い主さんから見た「賢いなあ」と思うポイント。ちょっと親バカフレーバーも多少添加されています。

みんなの
ジャック式アンケート

Q ジャックって賢いなあと思うところ、教えてください

○飼い主の服装や気配で、お出かけ、お散歩、お留守番は察します。カフェでも、要求吠えはしません。（あゆみさん）

○物覚えのはやさ。（イリスははさん）

○主人の帰宅する時間帯を把握、家族の足音把握、生活の中の空気を読んで行動する。人間が喧嘩をすると仲裁に入る。（聖子さん）

○宅配便の車が近づいてくると、吠えて知らせてくれる。いつも通る農家のおっちゃんの車とか、他の通りがかった車には吠えないのに、宅配便だけなぜか吠えます。だからすぐに受け取る準備ができます。（かっし～さん）

○ジョーイは、我が家の警備隊長で、メレルがよその大型犬に追いかけられていた時には、大型犬に体当たりしてメレルを助けてくれました。メレルは室内のトイレですると、おやつをもらえるのを知っているので、フェイントを使っておやつをもらいに来ます。（河野位有さん）

○私が出かける支度を始めると自分からケージに入ります。メルだけですが。（メルシーママさん）

○お出かけだと察するとサッサとご飯を食べる。外から帰宅すると玄関で待ち、バスルームで足を洗うまでリビングに来ない。（イットクさん）

○「お散歩行くのでトイレしてください」と言うとウンチをする。（ケイティママさん）

○仕事や連れていけない時は、感知して、すぐに諦めて見送ってくれる。（ももJRTさん）

○帰宅時気配で出迎える。宅配便はインターホン鳴らす前から吠える。（アンナおっとさん）

○山登り山歩きの際に私が疲れて歩みを止めると、伸縮性のリールリードで５m以上前を歩いていても戻ってきて、心配そうに私のそばに寄り添ってくれる。そして上りなら登りやすいルート、下りなら下り易いルートを歩こうとしてくれる。（BERRYとその家族さん）

○常に私の近くにいて、行動を観察しています。（かーりんさん）

キレられちゃいました。

犬と暮らしていると、飼い主さんが犬に怒られちゃうことってありますよね。特に頭の回転の速い犬の場合、ついつい飼い主さんの行動を先読みして、違うとイラっとして怒る、なんてことも。ということで愛犬にキレられたエピソード伺ってみました。

みんなの
ジャック式アンケート

Q キレられたことはありますか？

○あります。ただ、ほぼ、自分達の落ち度からなので痛いっ！とはアピールしますが怒りません。（嫁さん）

○なし。（shiiさん）

○お出かけの準備をしていて、自分は留守番ということがわかると、しばらく吠えて抗議しています。（たくみさん）

○おやつの時間を覚えていて、もらえないと不機嫌になります。（匡史さん）

○いけないことをして叱ると、最初は「いいじゃん」みたいな明るいノリで吠えてきて、こちらが無視をするとだんだん本気で逆切れします。それでも虫をするとフテ寝。（ワンさん）

○隠していたおもちゃを取り上げようとするとキレ気味で文句を言う。（フォンテーヌさん）

○こちらの行動を先読みして、違うとキレます。理不尽。（河野さん）

お客様とジャック様。

家族の中での態度と、お客さんや他の人への態度は違うという犬もいれば、誰でもウェルカムなコ、はたまた外面だけよくて、なんてコもいたりしますが、みなさんのお宅のジャックはお客さんに対してどんな態度をとるのでしょうか？　伺ってみました。

ジャック式Data 07

みんなの
ジャック式アンケート

Q お客さんに対してジャックの反応は？

○ニコニコ。(シュテままさん)

○吠えまくる。(えりちんさん)

○扉に駆け寄りますが吠えることはありません。(BERRYとその家族さん)

○狂喜乱舞。たまにうれション。(つかささん)

○嬉しくて遊んで遊んでの催促、初めの興奮が収まるとおとなしい。(ダンクママさん)

○最初は吠えるが友好的。(渡瀬尚子さん)

○誰がきてもおしりごと尻尾を振って、くねくねしながら喜んでお出迎えします。(マッキーさん)

○始め吠えますが、しっぽを振り遊んであそんでといっています。(いっちーさん)

○しっぽ振って歓迎です。(ジャックにぎや家さん)

○インターホンが鳴った時は吠えますが、お客さんが入ってきたら喜んでクンクンしに近寄ります。吠えたり鳴いたりはしません。落ち着いたらいつも通りにお昼寝しています。(板井謙児さん)

○初めてのお客さんには猛烈に吠えますが、いきなり攻撃することはありません。よく知ったお客さんにがきた時には、喜んでそばから離れません。(だいずとうちゃんさん)

他の犬との関係性。

ここまで人との絡みについて見てきましたが、犬に対してはどうでしょうか？　ドッグランやお散歩の途中で、他の犬に出会った時の反応について、ジャック飼いの皆様のリアルな声を伺ってみました。

みんなの
ジャック式アンケート

Q 他の犬に対してどんな反応？

○基本フレンドリーですが、相性が合わない子には唸る。（シュテままさん）

○きつい。（アンナおっとさん）

○顔見知りのワンコさんには積極的ですが、初めてや大きい子には慎重になる傾向があります。（たなぼんさん）

○女の子には、やられっぱなしのお人よし。未去勢なので、ガウってくる男子には、必ず喧嘩を買います。（サンディママさん）

○お腹をだしてフレンドリーな面と、一応アウッ！ってしておく時と相手によって使い分けている。（モナママさん）

○メスにはフレンドリー、オスには……。（珠雄父ちゃんさん）

○相性が合わない犬にはガウガウするが、噛みはしない。（山下紀子さん）

○エコル→挨拶がしたくて近寄りたい、フォース→ビビりなので気配を消してやり過ごす、クィンタ→ケンカ上等(-_-;)（嫁さん）

○自分より体の大きな子にはちょっとビビるけど、吠えたりずっと怖がったりする事なく遊ぼうとする。時間がかかる場合もあるけど。（モモのママさん）

○特定の特徴の犬が苦手で吠えますが、概ね大好きです。遊びたくてしかたありません。（はっちさん）

○フレンドリーで、興味があるくせに、一緒に遊ぶことが出来ないコです。（ももままさん）

咬まれたこと、ありますか？

「テリア系の犬種は咬む」なんて話を、以前はよく聞きました。特にテンション高めのコの場合、勢いで、なんてこともあるのでしょうか？　ジャック飼いの皆様に、咬まれた経験の有無を伺ってみました。

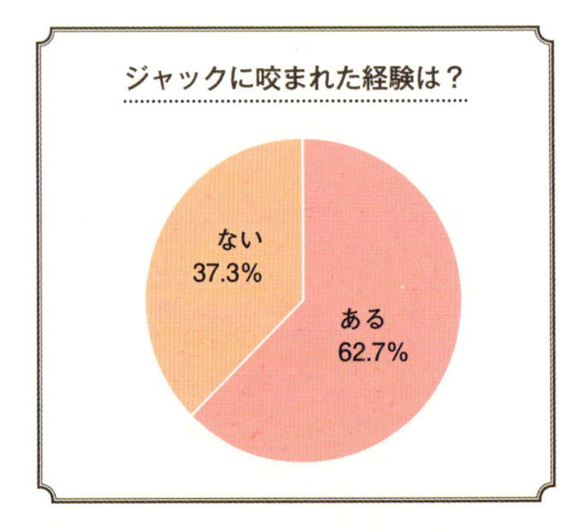

ジャック式Data 09

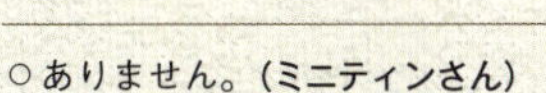

Q 咬まれたこと、ありますか？

- ○ありません。（ミニティンさん）
- ○ある。（コムアズグリさん）
- ○何度もあります。母犬と娘の上位争いで止めに入って。（アンナおっとさん）
- ○あります。パピーの頃は、動くもの全てに反応していて手や足が毎日血だらけでした。（たなぼんさん）
- ○まだペットショップにいた頃の抱っこ時に一度だけ。家に迎えてからは一度もない。（つかささん）
- ○本気咬みはないです。（モナママさん）
- ○甘噛みは何度もありますが本気なのは無しです。（はっちさん）
- ○我が家に迎えてすぐのころ、遊んでいる最中に勢い余って本気咬みされたことが１度だけあります。（マッキーさん）

ご近所の目、気になりますか？

犬を飼っていると、犬の吠え声やお散歩時の接触など、ご近所さんとかかわるポイントがいろいろと存在します。ジャック飼いの皆さんのご近所付き合いについて、伺ってみました。みなさん、ご近所の目って気になりますか？

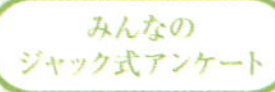

Q ご近所の目、気になりますか？

○電柱等にオシッコをするので、ご近所の目が気になります。ペットボトルの先に、簡易キャップを付けてシャワーにして水を流してはいますが。(サンディママさん)

○普段から近所の方には人も犬も愛想よくして、得点稼ぎをしています。(フォンテーヌさん)

○叱ったり、気を散らしたりしますが、スイッチが入ってしまうと難しいです。(はっちさん)

○逆に犬を飼ったことでご近所付き合いが円滑になり良いことばかりです。(ati さん)

○吠える声には気を使う。すぐに注意して黙らせる。(shii さん)

○全く気になりません（ご近所の皆さんはよくしてくれます)。(ももままさん)

○住宅街の一戸建てだが、吠え声が大きくて迷惑にならないか気にしています。ご近所さんは理解があり、番犬になってちょうど良いと言ってくれてはいます。
(だいずとうちゃんさん)

○窓と開けている時に吠えた時に気になる。(さっつんさん)

○ペット可のマンションですが、パピー時代お留守番中に吠え続けたらしく、隣人の方から吠え続けた時間とその長さが書かれたお手紙を貰いました。直ぐにお詫びに伺いました。トレーナーさんにも自宅に来てもらって指導を受け、そのトレーナーさんが良い方で、隣人宅に訓練を開始したことや暫く時間がかかることを説明しに行ってくださいました。
(平澤隆之さん)

困ったクセ。

どんな犬にだって、クセのひとつやふたつはあります。ましてや個性の強い犬種や頭の切れる犬であればなおさらです。でも、「そのクセだけはやめてほしい！」なんて思ったことはありませんか？そんなちょっと困ったクセについて伺ってみました。

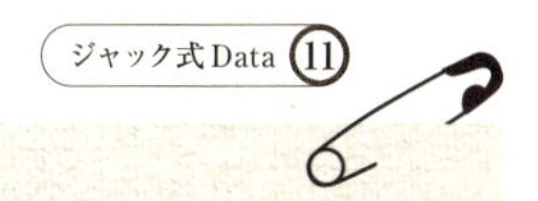

みんなの
ジャック式アンケート

Q 困ったクセありますか？

○マーキング命！　なのですが、たまに草や壁にかかっている他の犬のオシッコを舐めようとするのがイヤです。（BERRYとその家族さん）

○気に入らない犬と喧嘩をする。（つかささん）

○構ってくれないとイタズラをしようとする。興奮しすぎると吠える。（ダンクママさん）

○呼び戻しが、普段はできるのに、"逃げられる"とわかった時には、まったくできない。（諸星さん）

○来客が来た時に吠えること。ビビりなところを直したい。すぐに興奮する。（モモのママさん）

○クッションや、ぬいぐるみ、おもちゃを壊すところ。（コムアズグリさん）

○隣の家人が庭に出てくると、そちらに向かってウーワンワン！と威嚇吠えします。小さいころに、小学生の子に意地悪されたことが忘れられないみたいです（涙）（サンディママさん）

○とくにありません。良い部分もアレ？って思う部分も含めて性格だと思っているので。（atiさん）

○びびりな性格がいつか直ってくれないかと思っています。（マッキーさん）

我が家のルール。

「これだけは絶対にやっちゃダメ！」とか、「散歩の時は絶対にこうする」といったそれぞれのご家庭でのルールについて伺ってみましょう。みなさんいろいろなルールを考えられていて、参考になるものばかりです。

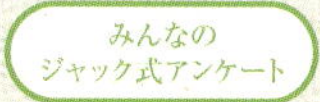

Q ご家庭でのローカルルール教えてください

○人間の食べ物をあげないこととリビングの椅子に勝手にあがることです。（たなぽんさん）

○テーブルに乗らせない！（シュテままさん）

○公共の場でのノーリード。（嫁さん）

○待てだけは必ず従わせる。（えりちんさん）

○トイレは必ずトイレシートの上でさせる。おやつやご飯をもらうときは必ずお手おかわりをする。（ダンクママさん）

○人間のご飯、味がついた物はあげない。（モモのママさん）

○オヤツは必ず国産。中国産や、アジア諸国産はあげません。（コムアズグリさん）

○食べ物は、飼い主の食事が終わってから食べさせる。伏せして、足元で待っています。（サンディママさん）

○拾い食い、車の中はケージ。（ジェシカさん）

○飛び出し防止の観点から、指示なしで玄関の土間に降りることはさせません。（マッキーさん）

教えておけばよかった。

「後悔、先に立たず」とはいうものの、子犬の時に「これを教えておけばよかったなあ」と犬が大きくなってから思うことってありますよね。これから子犬育てをする方に、その「教えておけばよかったコト」をぜひ教えてください。

ジャック式Data ⑬

みんなの
ジャック式アンケート

Q 教えておけばよかったと思うことは？

○室内でのトイレ。子犬の頃はできていたのに、大人になるにつれてしなくなってしまったのでそのままにしている。台風の時などに非常に困る。**（つかささん）**

○吐き出し。**（シュテままさん）**

○運動能力が高いので、早いうちからドッグスポーツをしておけばよかった。
（アンナおっとさん）

○呼び戻しは絶対だと思う。**（モナママさん）**

○玄関チャイムが鳴っても吠えないようにすること、現在しつけ訓練中だけど、全くうまくいかない！ **（モモのママさん）**

○無駄吠え。クレートトレーニング。**（山下紀子さん）**

○呼び戻しがなかなか出来ずじまい。**（ダンクママさん）**

○屋外、室内での排泄の両立。**（ミニティンさん）**

○「伏せ」「出せ（アウト）」が今も出来ません。**（ももままさん）**

勝手に覚えました。

ジャックのように、よく人を観察している犬の場合、「あれ、そんなことって教えたっけ？」と飼い主さんの予想を超えることをして、驚かせてくれることがあります。そんなジャックが「勝手に覚えたコト」について伺ってみました。

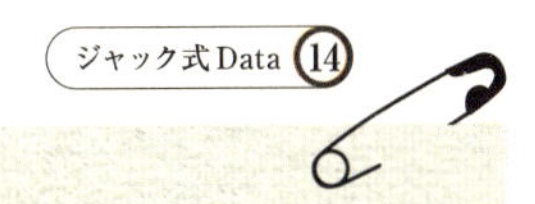

みんなの
ジャック式アンケート

Q 勝手に覚えたことはありますか？

○「かわいい」という言葉。自分が言われていると思いしっぽを振って言った人に近づいていきます。（BERRYとその家族さん）

○玄関のドアポストから手紙をビリビリ破って遊ばずに持って来る。（モモのママさん）

○トイレはできてきた　うちにきたときから。（渡瀬尚子さん）

○お留守番のためにケージに入ることです。（マッキーさん）

○トイレの場所。（shiiさん）

○ボールキャッチ。（ランパパさん）

○その場でターン。（ひとみさん）

○洋服を着せるときに前足を順番に上げることと、抱っこされる前に抱っこしやすいように体の向きを変えタイミングを合わせて前足を浮かすこと。（こはく姐さん）

○パン、白米がほしいとき、肘の上に顎を乗せて、じーっと見つめること。（こまきさん）

○どいて、言えばそこからどく。（ミーママさん）

○抱っこと言ったら、ジャンプして抱っこさせてくる。（ジンママさん）

○ごはんの前に騒がない、ずっと静かに待っています。飼い主が寝てるときは一緒に寝ていて起こしたりすることはないです。（もんろ～さん）

最大のイタズラ。

ちょっと目を離した隙やお留守番の間などにとんでもないイタズラをかましてくれることってありますよね。予想を超えた惨状を見て、思わず怒るよりも呆れたり笑ってしまうような、これまでの最大のイタズラ、教えていただきました。豪快なエピソード満載です。

みんなの
ジャック式アンケート

Q どんなイタズラをしましたか？

○仔犬の頃、キッチンのテーブルの上に冷まして捨てるためにおいてあった、鍋に入った油を結構な量舐めてしまったこと。（BERRYとその家族さん）

○パピーの頃にカーペットをかじって3枚ダメにした事とテーブルやイスの脚をかじった事です。（たなぼんさん）

○サラダ油のボトルを齧って破壊し、部屋も自分も油まみれになった。布団が2枚ダメになり、本人はお腹を壊し、ついでに油分で毛並みが非常にテカテカになった。（つかささん）

○とうもろこしの芯を食べたこと。（珠雄父ちゃんさん）

○壁紙はがし。（山下紀子さん）

○ボックスティッシュやペットシーツなど、ビリビリにして大きな山を作った。（ミニティンさん）

○パピーの頃、籐で編んだ物入れを、一本一本抜いて、スカスカの籠にしてしまったこと。（サンディママさん）

○キーホルダーを飲み込んで数時間後にリバース。吐き出すまで飲んだことに気が付きませんでした。（atiさん）

○米袋に頭突っ込んでお腹がパンパンになるまで生米を食べてお腹を壊し絶食。（ジェシカさん）

○飼い主のメガネガシガシ。（いっちーさん）

○あまり賢くありませんが、あまりイタズラはしません。（はっちさん）

○家電製品を噛みこわす。電源は入っていませんでしたが、ホットカーペットの電源コード噛み切り、DS、デジカメ。（イリスははさん）

ヒヤリとしたこと。

散歩中や旅行などのお出かけ時、リードが外れてしまって犬よりも飼い主さんのほうがパニックに、なんてこと経験ありませんか？　また、安全なはずの家の中でも、ヒヤリと背筋が寒くなるような出来事は起こりえます。ということで、みなさんのヒヤリ体験、伺ってみました。

みんなの
ジャック式アンケート

Q ヒヤリとしたこと、教えてください

○パピーの頃、しつけ教室中に脱走！　危機一髪で道路に出なかった。(ケイティママさん)

○おそらく、散歩中の階段で顔を打ち前歯を折った。歯根だけ残っていたので全身麻酔で抜歯。専門医に連れて行って治療してもらった。(イットクさん)

○ノーリードの犬が突進してきて乱闘になった。(つかささん)

○ディスクの練習の時道路に飛び出して車に轢かれるかと思った。(ジェシカさん)

○散歩中ノーリードのワンちゃんがいきなり近づいて、ガウガウ、ガブリとやられた。飼い主はすんませ〜んのひと言で去っていったが、くっきり歯型が残ってました。(デデママさん)

○今は出て行ったりはしなくなりましたが、1歳未満のころ、宅急便を受け取っている隙にするりと出て行ってしまい、猫を追いかけ始めて肝を冷やしました。(ナッツママさん)

○玄関から飛び出して逃走。(マイロままんさん)

○車のドアをあけリードを着けようとしたら飛び出しバイクに跳ねられそうになった。(ハンナママさん)

○7か月の時、家から脱走して、トラックにひかれそうになった。(ベルママさん)

○事情がありいつも使用しているのと違う首輪をして散歩に出た直後、首輪が抜けて交通事故に。(ようちゃんさん)

しつけ教室に通ったことがありますか？

最近では子犬の時期にパピートレーニングなどのクラスに通うという方も多くなっていますし、成犬になってからもトレーニングやしつけの教室へ定期的に通っているという話もよく耳にします。実際のところ、どのくらいの方が通っているのでしょうか？

ジャック式Data 17

みんなのジャック式アンケート

Q しつけ教室に通ったことがありますか？

- ○パピーの頃。（ダンクママさん）
- ○ありません。（ミニティンさん）
- ○あります。（ジャックにぎや家さん）
- ○今も定期的に通っています。（トロントさん）
- ○作業欲を満たす目的で、いろいろなトレーニングにかよっている。（まーさん）

回答	割合
通っている	47.3%
通っていない	52.1%
無回答	0.6%

しつけにかかった時間。

かなり頭の回転が速い、イメージのあるジャック・ラッセル・テリア。実際のところ、みなさんひと通りのしつけのトレーニングにどのくらいの時間がかかったのでしょうか？　もちろん、ご家庭によって教える内容も求めるレベルも違うと思いますが、ひと通りのことを覚えた、と飼い主さんが思うまでにかかった時間を伺ってみました。

みんなのジャック式アンケート

Q ひと通りのしつけにかかった時間は？

○３ヶ月～６ヶ月くらいかな？（あゆみさん）

○２か月程度。あまり真剣にやらなかったので、完璧ではありません。（河野位有さん）

○トイレはとにかく覚えが早かった！２～３日で完ぺきに失敗もなし！（モモのママさん）

○１ヶ月くらいで、トイレも完璧になりました。覚えがはやくて、しつけしやすかったです。（まいまいさん）

○パピートレーニングに数回通ったのみなので、やり切れていない。（山下紀子さん）

○半年もかかっていない。というか特に色々教えた記憶がない。（つかささん）

○5日くらい。早い段階で覚えた。（イットクさん）

○あまり覚えていませんが数カ月だったと思います。（ケイティママさん）

Jack
Gallery
feelfree

2

ジャックとの楽しみ方。

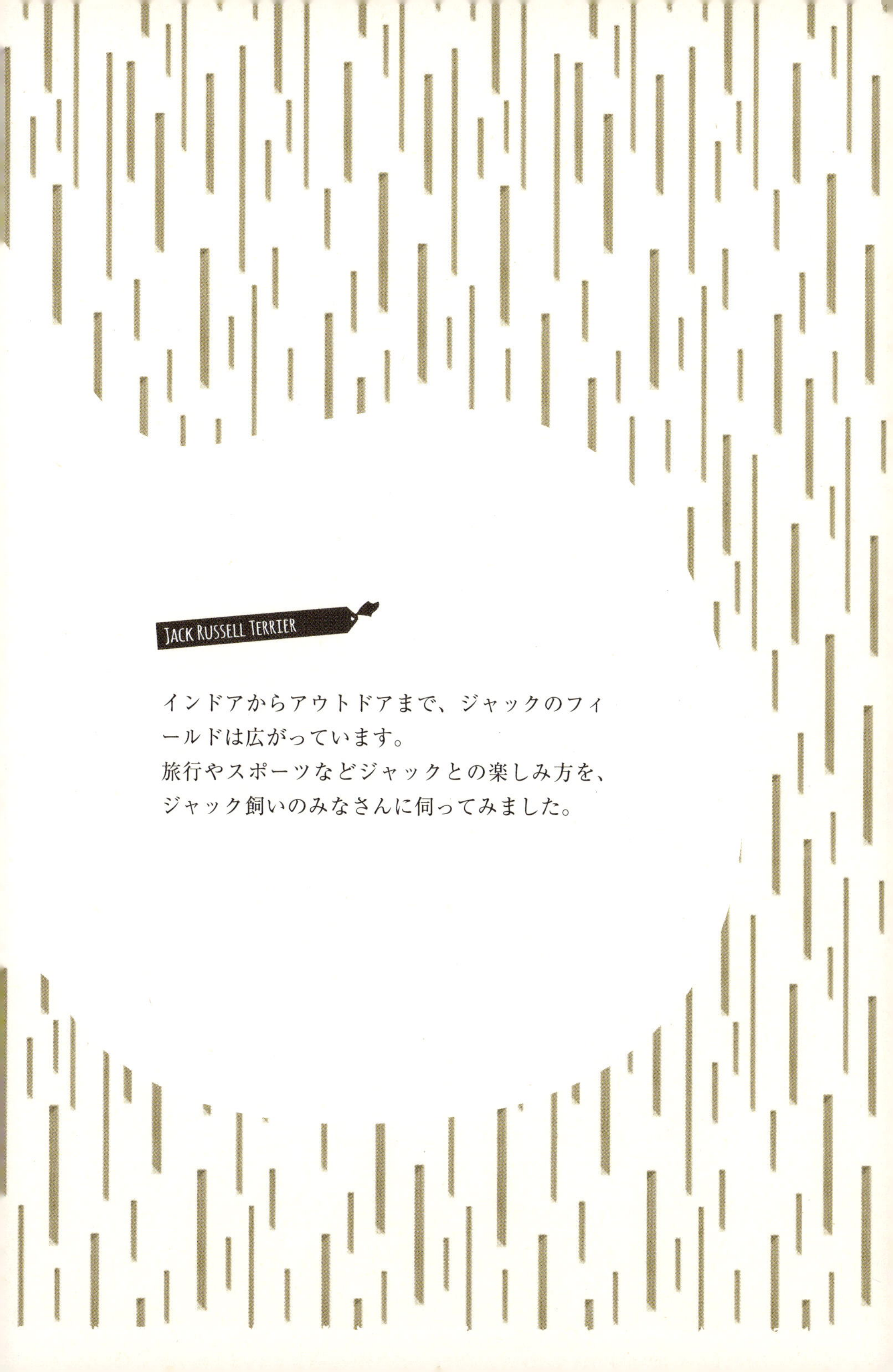

JACK RUSSELL TERRIER

インドアからアウトドアまで、ジャックのフィールドは広がっています。
旅行やスポーツなどジャックとの楽しみ方を、ジャック飼いのみなさんに伺ってみました。

お散歩の長さ。

体力自慢のジャックにとって、毎日のお散歩はとても重要。ここでしっかりストレス発散することが、ある意味でジャックとの暮らしの基本になります。ということでジャクのお散歩事情、伺ってみました。

ジャック式Data ⑲

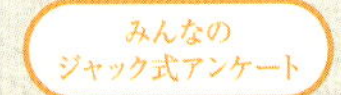

Q　1日のお散歩の長さは？

○1～2時間。（ダンクママさん）

○1～1.5時間。（さっつんさん）

○まちまちですが1日30分くらい。（板井謙児さん）

○1時間から2時間を朝夕の2回。（平澤隆之さん）

○40分を朝晩2回。（ジンママさん）

○平日30分、休日12時間。（ミニティンさん）

平均
約**1.7**時間

お散歩の装備。

アンケートを見る限り、やっぱりジャックのお散歩にはけっこうみなさん時間をかけている様子。それでは普段はどんなものをもってお出かけしているのでしょうか。お出かけ時の装備、伺ってみました。

みんなのジャック式アンケート

Q お散歩の装備は？

○ウンチ袋、ウンチポーチ、おやつ、ウエットティッシュ、水、水飲みボール。（平澤隆之さん）

○トイレ用品 と タオル類。（ジャックにぎや家さん）

○お散歩道具一式とおやつくらい。（まいまいさん）

○水、トイレグッズ、おもちゃ、おやつ。（沖村さん）

○うんちパック、水、ウエットシート、マナーベルト、リードクレート、虫よけ。（渡瀬尚子さん）

○キャリーバッグ、ウンチバッグ、トイレシート、給水グッズ、トイレットペーパー、マナーベルト。（デデママさん）

ジャックと旅行。

犬連れの旅行って楽しいですよね。普段のお散歩や近所の公園に出かけるのとはまた違った経験を、犬も人もすることができます。とはいえ、旅行となると、移動手段に宿と準備は大変。実際のところどのくらいの方が犬連れ旅行にでかけているのでしょうか。犬連れ旅行について伺ってみたいと思います。

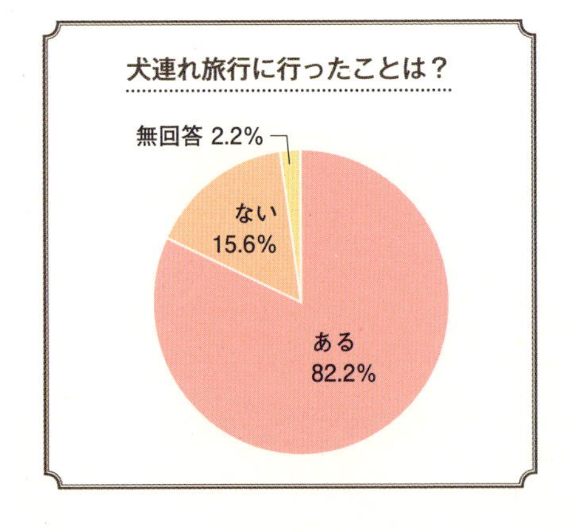

みんなのジャック式アンケート

Q ジャックと旅行に行ったことは？

- 年に2～3回。（ジャックにぎや家さん）
- 10ヶ月齢くらいで実家に帰省。以後、年3回くらい帰省しています。ホテルでのお泊りは概ね年1回くらい行っています。キャンピングカーでの泊りは、2ヶ月に1回くらいの頻度で出かけています。（だいずとうちゃん）
- ペット可のホテルに宿泊、車中泊での旅行どちらも行ったことがあります。（マッキーさん）
- 車中泊でお出かけはあります。（かっし～さん）
- 年2～3回。その他帰省で年4～5回愛知県のお母さんの実家へ。（BERRYとその家族さん）
- 行ったことがありません。（miWa＊さん）
- 毎月。（シュテママさん）
- 何度も出掛けています。（あゆみさん）

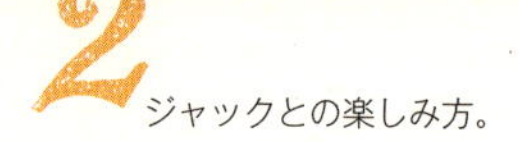

旅行に持っていくもの。

ジャック飼いのみなさんは、旅行好きの方が多いようですが、旅行時の装備はどんなものを持っていっているのでしょうか。旅行時の装備について、伺ってみました。

みんなのジャック式アンケート

Q 旅行に持っていく装備は？

○ケージ大、ソフトケージ大小、着替えの服、しつけ用の機械、ご飯、おやつ、タオル、マナーシート、オムツ、トイレットペーパー、ビニール、レインウェア。**（あゆさん）**

○トイレ、フード、慣れたタオル等。**（こはく姐さん）**

○ケージ、フード、水、オヤツ、遊び道具、ウンチ袋、リード等＋キャンプ用具。**（ジェシカさん）**

○ウンチ袋、ウンチポーチ、犬用タオルまたは毛布、フード、おやつ、ペットシーツ、ウエットティッシュ、犬の洋服、水飲みボール、フードボール。**（平澤隆之さん）**

○キャリー、ペットシート、うんこ取り袋、ウエットティッシュ、予備の首輪とリード、ベッド、ブランケット、フード、おやつ、おもちゃ、タオル、ゴミ袋。**（板井謙児さん）**

○ペットシーツ、袋、水、消臭剤、ウエットティッシュ、水の皿、ドックフード、おやつ、おむつ、おもちゃ、スリッカー、虫よけ、キャリーバック、キャリーカート、バスタオル、タオル、保冷剤、靴、薬、洋服、レインコート。**（ミニティンさん）**

ケージ派？　そのまま派？

お出かけ好きのジャックの場合、車に乗せる機会も多いと思います。ところで、ジャックを車に乗せるとき、どうしていますか？　そのまま車内でフリー？　それとも、ケージに入れておとなしく？　伺ってみました。

みんなのジャック式アンケート

Q お出かけはケージ派？ そのまま派？

その他 14.6%
そのまま 31.2%
ケージ 54.2%

○ケージ。（ジャックにぎや家さん）

○ゲージイン。安心できるよう手作りカバー付き。（ジンママさん）

○クレートです。（こはく姐さん）

○キャリーバッグ。（イリスははさん）

○そのままですが、リードは付けています。カドラーを置いてあるのでその中に入っています。（もんろ～さん）

○そのまま。リードで後部座席などに繋ぐ。（つかささん）

○そのまま。（シュテままさん）

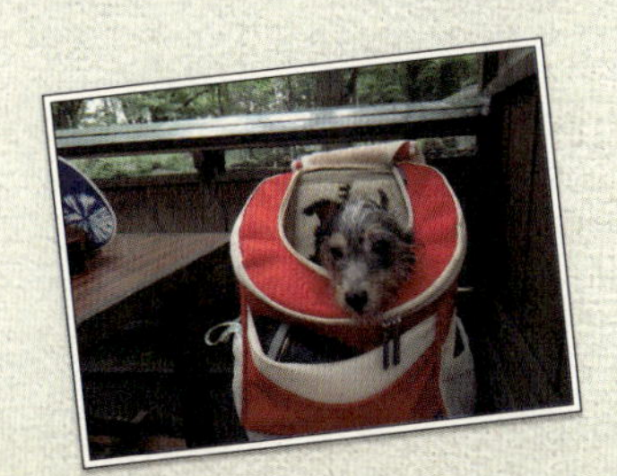

お出かけで困ったこと。

基本的には楽しいお出かけですが、お出かけ先でのトラブルや困りごとはつきものです。過ぎてみればよい思い出だったりしますが、その時は冷や汗をかいたり、頭を抱えて途方にくれたり……。ということで、お出かけ時の困りごとのエピソード、伺ってみました。

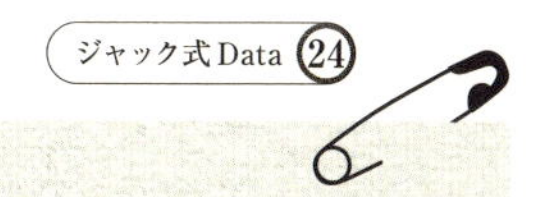

みんなの
ジャック式アンケート

Q お出かけで困ったことは？

○車酔い。（りんまーるぱぱさん）

○電車に乗ってる時にウンチ……。（いっちーさん）

○わんこが、お出かけに嬉しすぎてうるさいこと。（miWa*さん）

○一緒に出かける夏場のお留守番（車内）ができない。（珠雄父ちゃんさん）

○ボックスに慣れるまでは吠えてうるさかった。（shiiさん）

○車酔いで嘔吐した時。（平塚佳代さん）

○犬が入れない施設があること。（コムアズグリさん）

○他の犬がオシッコしたところに、足を上げに行くこと。（サンディママさん）

○夏場の対応（車中に残すことは絶対にできない）。（小鉄パパさん）

○ひとりで連れて歩かなければいけないときは、自分のトイレに困る。（Sakanaさん）

○とても良い子で車にも電車にも乗れるので特にない。重いことくらい（12kgあるので）。（つかささん）

○ひとりと1ワンで出かけるとき、キャリー持ち込みで人用トイレに行きにくい。（デデママさん）

好きな遊び。

遊び好きなジャックとはいえ、どんな遊びが好きかといえば、そこは好みが皆さん違うはず。ということで、みなさんのジャックのお気に入りの遊びやスポーツについて、伺ってみたいと思います。

みんなのジャック式アンケート

Q ジャックが好きな遊びは何ですか？

○ボール遊び。（デデママさん）

○破壊行為全般。（室さん）

○オモチャを追いかけて走ること。（shiiさん）

○ボール投げ 水遊び。（こまちさん）

○アジリティ、水遊び、ボール投げ、ヒモのひっぱりっこ。（コムアズグリさん）

○ボールレトリーブ命です。（マッキーさん）

○一緒に山歩きや渓流釣りに行くこと。ボール遊び（海や川で）。（珠雄父ちゃんさん）

○ドックランで、思いっきり笑顔で走ってるところと、水浴び。（miWa＊さん）

○室内ではボール遊び、ロープのひっぱりっこ。庭ではホースの水をまくと大喜びします。（平塚佳代さん）

○ボール遊び（キャッチ＆ゴー）。（イリスははさん）

○ボール、フリスビーは大好きです。（いっちーさん）

○宝さがし。ライオンボールを投げて、持って来い。森を散歩する。（近くにホタルの飛ぶ素敵な森があるので）。八ヶ岳方面に毎年行くのですが、一緒にカヤック。（サンディママさん）

○広い場所での「探せ」遊び。オヤツやボールなどをあちこちに隠して「探せ」の合図で犬がせっせと探す。（つかささん）

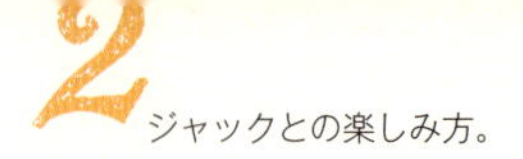

挑戦してみたいこと。

運動神経抜群で、覚えも早い、アクティブなジャックだからこそかもしれませんが、一緒に楽しめるスポーツや遊びはキリがないほどです。ということで、ジャック飼いの皆さんが、今後チャレンジしてみたい遊びやスポーツについて、伺ってみました。

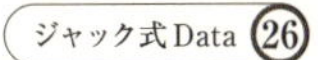
ジャック式Data 26

みんなのジャック式アンケート

Q これから挑戦してみたいことは？

○カヤックとスノーシュー。（りんぱーるばばさん）

○スケボー、人の股をくぐるやつ。（いっちーさん）

○アジリティ。（小鉄パパさん）

○カヤック、sup。（珠雄父ちゃんさん）

○サーフィン、カヌー。（デデママさん）

○カヌー。（しのさん）

○泳ぎ。（ふーこさん）

○フライボール、ディスク。（杏ボニままさん）

○プールや川遊び、泳ぎが出来るかどうか分からないので……。（ひとみさん）

○フライングディスクなどしてみたい。（大澤和子さん）

○カヤック……かな。（ミーママさん）

○カヌーにのってみたい（ジンママさん）

Jack
Gallery

FEEL EARTH

3

ジャックのおうち。

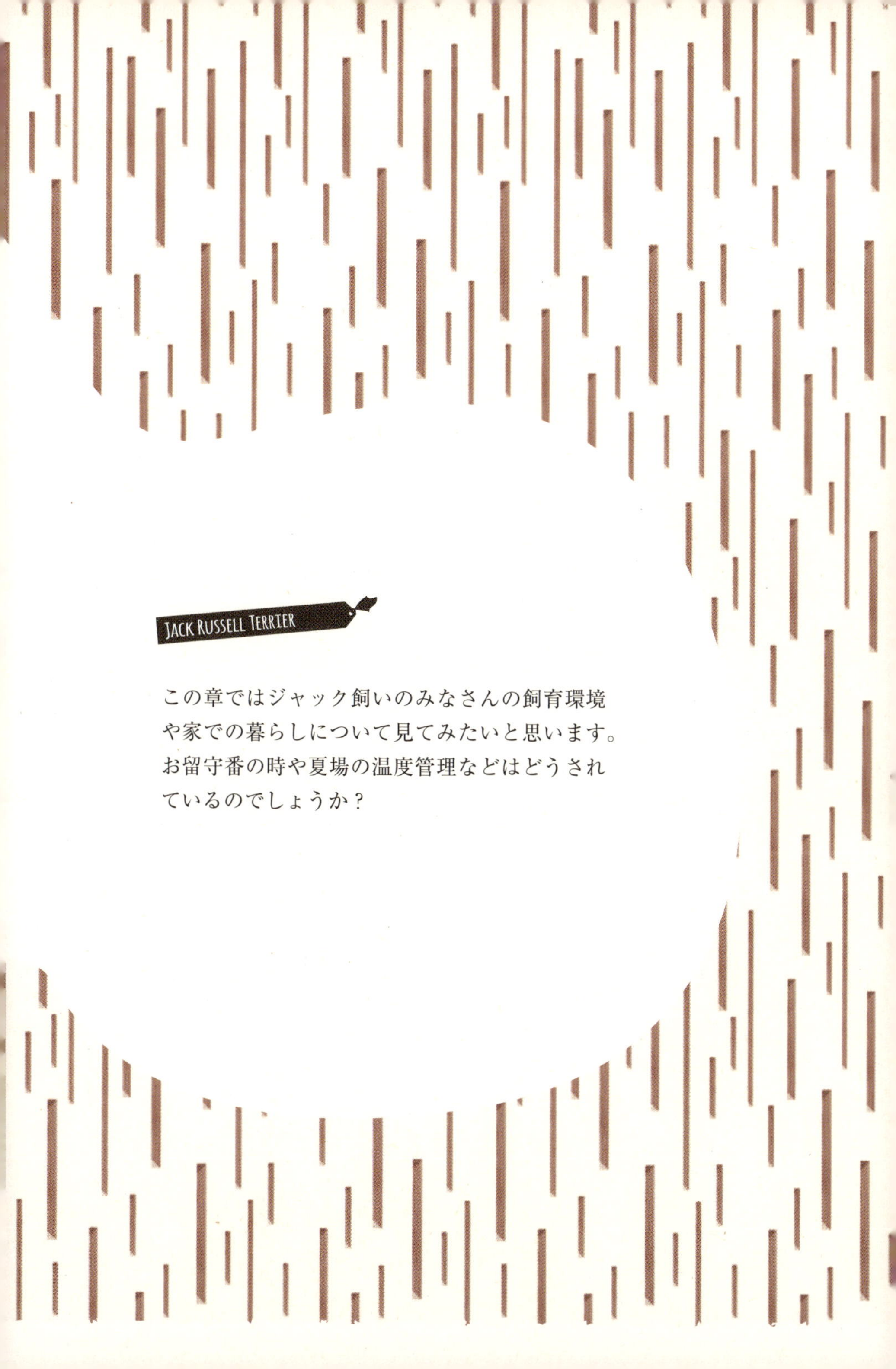

JACK RUSSELL TERRIER

この章ではジャック飼いのみなさんの飼育環境
や家での暮らしについて見てみたいと思います。
お留守番の時や夏場の温度管理などはどうされ
ているのでしょうか？

単独？ 複数？

まずは飼育頭数から見てみたいと思います。なんとなくの印象ですが、ジャックの飼い主さんって、2頭、3頭連れている方が多いような印象もあるのですが、実際のところはどうなのでしょうか？ 併せて、ジャック以外の動物を飼っている方も見てみたいと思います。

ジャック式Data 27

みんなのジャック式アンケート

Q ジャック以外の動物を飼っていますか？

- ○セキセイインコ。（マイロままんさん）
- ○猫、テグー。（酒本和澄さん）
- ○金魚。（りんぱーるぱぱさん）
- ○家人がネコ(アメショ)を飼い始めた。（イットクさん）
- ○ミックスの猫、２匹と同居しています。（miWa＊さん）
- ○猫が１匹います。（もももままさん）

ジャックの飼育頭数平均
約**1.6**頭
（最も多かったのは6頭）

1日のお留守番時間は？

ずっと一緒にいてあげられるのがベストなのでしょうが、仕事やさまざまな事情でお留守番をさせてしまうのはなかなか避けられないもの。ジャック飼いのみなさまは1日どのくらいの時間をお留守番させているのでしょうか？

みんなの
ジャック式アンケート

Q 1日のお留守番時間は？

- ○10時間くらい。（ジンママさん）
- ○5時間くらい。（ジェシカさん）
- ○2時間から3時間。（えりちんさん）
- ○留守番なし。（酒本和澄さん）
- ○毎日ではないが7時間くらい。（ももJRTさん）
- ○9時間。（まいまいさん）
- ○2時間くらい。（ジャックにぎやか家さん）
- ○12時間。（shiiさん）

平均の
お留守番の時間
約**4.4**時間

留守番で気をつけること。

意外と長時間お留守番、というご家庭も多いジャック飼いのみなさんですが、留守中の事故は避けたいもの。お留守番をさせる時に事故防止などで気をつけているポイントや工夫などについて伺ってみましょう。

ジャック式Data 29

Q 留守番で気をつけていることは？

○誤飲がないように、口に入れそうな物は届かない場所にしまっている。（shiiさん）

○お留守番はドッグスペースの中でさせています。パピーのころはよくトイレにいたずらをされました。ウェブカメラをつけているので、たまに見て、変なことしていないか、チェックしています。（まいまいさん）

○3歳までは、ケージを大きくして（2m四方）、その中で留守番させましたが、その後は、フリーにしています。（ももJRTさん）

○トミー以外はケージ。（ジェシカさん）

○最初はいろいろ気にしていましたが、BERRYは問題行動が0であり何も気にする必要がなくなりました。仮に人間の食べ物のカスが落ちていようとも口にすることはありません。人間の所有物を壊すことも皆無です。（BERRYとその家族さん）

○リビングと続く6畳の和室を自由に行き来している。特に問題はない。ゴミはそのスペースには置かない。食器棚は地震で開かぬようにしておく。ダイニングテーブルの下に入れるように椅子一つ分を外しておく。（イットクさん）

○ケージに入れている。空調もしている。問題は起きたことはありません。（小林一元さん）

○専用の部屋で留守番。室温管理に気を遣う。（チビ太小梅さん）

○1歳2ヶ月で引き取ったときからいたずらなどをすることがまったくないので、特に気をつかっていることはありません。（ももままさん）

○寂しくないよう外出時はテレビをつけっぱなしにしています。パピー時代はお留守番中何時間でも吠え続けたり、ウンチまみれになっていましたが、現在はそうしたこともなくなり寂しいくらいです。（平澤隆之さん）

○ごみをあさるので、ゴミ箱を高いところにのせています。（カーリンさん）

おうちの工夫。

犬を飼い始めると、いろいろな面で生活が変わります。そしてだんだんとその変化に合わせて、住環境も手を加えてみたくなる、なんてことはありませんか？　ということで、ジャックの飼い主さんたちのちょっとした（？）住環境の工夫について、伺ってみました。

みんなの
ジャック式アンケート

Q 住環境での工夫、教えてください

○運動の為、ウッドデッキ拡張。（アンナおっとさん）

○ブロック式？　の絨毯にした。（マイロままんさん）

○滑らないように、カーペットタイルを敷いた。玄関に飛び出し防止の柵をつけた。（shiiさん）

○クッション材の床と柵の設置。（イリスははさん）

○２頭の居ることの多い場所には張り替えの出来る絨毯を敷きました。部屋を仕切るようの可動出来る柵を至る所に置いています。（板井謙児さん）

○毎日必ずボール投げのレトリーブをするので、遊ぶ場所の床にカーペットを敷きました。（もんろ～さん）

○危険なものはおかない。床に絨毯マット。脱臭機設置。（渡瀬尚子さん）

○廊下、階段にもカーペットを敷いた。玄関の内側にゲートをつけた。（サスキヨラブさん）

○夏場にエアコンを常時稼動するようになった。万が一階段を降りることになった時のため、階段に滑り止めを貼った。（だいずとうちゃんさん）

○柵を付けた。キッチンの入り口、1Fと2Fの階段の上り口。（ケイティママさん）

○床をすべらない床に張り替えました。網戸を突き破られたので、網戸に出入り口をつけました。（メルシーママさん）

○机をかじられても大丈夫な素材のものに変更。ゲートも飛び越せないものに変更。（フォンテーヌさん）

立ち入り禁止。

おうちの中でジャックたちが立ち入りできない場所を作っていますか？　それともどこでも出入り自由にしているのでしょうか。イタズラするコの場合、立ち入り制限すると楽ですが、人は不便になったりしますよね。みなさんのおうちの中の禁止エリアについて、伺ってみました。

みんなのジャック式アンケート

Q 立ち入り禁止の場所はありますか？

○寝室。（ジャックにぎやか家さん）

○本的には1Fには下りられない。玄関からの飛び出し防止の為。（ケイティママさん）

○母の部屋（畳）。入り口にゲートをつけています。清志郎は、洗面所とお風呂場。（サスキヨラブさん）

○特になし。（かーりんさん）

○ありません。（沖村さん）

○居間以外は犬を放さない。（渡瀬尚子さん）

○基本的にありません。だいずにとっては家全体が犬小屋であり、飼い主は犬小屋の同居人くらいにしか思っていない。（だいずとうちゃんさん）

○台所。（聖子さん）

○シャンプーの時以外は家に入れていません。（諸星さん）

○キッチン。食べたら危険なものが落ちている可能性があるからです。（こはく姐さん）

○人間のトイレ。（あなべるさん）

○犬達はリビングとそれに続く洗濯物を干すサンルームだけが自由に行ける場所です。（こぺりんさん）

暑さ対策、していますか？

いつも元気なジャックにとっても、暑さは危険。ということで、みなさんの夏場の暑さ対策について伺ってみようと思います。車の中はもちろんのこと、散歩中や家の中でも、暑さに対する注意は必要。みなさんどんな工夫をされているのでしょうか。

みんなの
ジャック式アンケート

Q 普段の暑さ対策、教えてください

○エアコンが切れないようにしている。出かけるときは凍らしたペットボトルを持って出たり、首に保冷材をまいたり、冷たく感じる洋服を着せたりしています。**(こはく姐さん)**

○リビングのラグを接触冷感の機能があるものにするのと、ケージのベッドを直接置かずスノコの上に置いて留守番の時はスノコの下に保冷剤を置きます。エアコンの効きが良くなる様に遮光カーテンをつけています。**(たなぽんさん)**

○エアコン、扇風機はほぼ毎日つけていますが、寒すぎないようにも気をつけています。**(サスキヨラブさん)**

○お留守番の時はエアコンを入れて出かける！　あまり暑い日は、お散歩を避けお部屋でボールや紐などで遊びます。**(板井謙児さん)**

○日中はエアコンを付けて出掛けます。**(コペリンさん)**

○クール素材のベッドを購入。あとはエアコンで温度・湿度調整。**(ベルママさん)**

○27℃設定のエアコン。**(久保名保美さん)**

○室内にいるときはエアコンを使用しています。散歩は気温が高くない時間帯に。濡らせるワンコ服や保冷剤を入れたバンダナを首に巻いたりしています。**(てんちゃんさん)**

○冷房はつけっぱなしです、付けたり消したりするよりも安く済むし、犬にも負担がかかりにくいと思う。**(いっちーさん)**

○基本冷房を付けて、リビングの扉はあえて閉めずに出かけます。地震などで停電した場合熱中症を防ぐため。**(ダンクママさん)**

終わりなき戦い、抜け毛。

ジャックの抜け毛。シャンプーやブラッシングをした後の床に散らばる毛を見ると、ため息が出ますよね。みなさん、あの半端な量ではない抜け毛とどう戦っているのでしょうか。ぜひ、お知恵を拝借！

みんなの
ジャック式アンケート

Q 抜け毛対策を教えてください

○ブラッシングくらいです。シュナウザーよりもジャックは抜け毛が多いですね。**（コペリンさん）**

○ブラッシングと掃除。**（ベルママさん）**

○クイックルワイパーとマキタの掃除機にお世話になっています。**（こはく姐さん）**

○掃除機、ブラッシング、プラッキングで軽減。**（あなべるさん）**

○毎日毛すきをしています。友人宅に行くときは洋服をきせます。**（てつみらママさん）**

○まめにブラッシングする。あとは毛深い家族だと思い掃除に徹しています。**（ati さん）**

○何もしていない。**（山下紀子さん）**

○あまり抜け毛がありません。**（こまきさん）**

○スムースなので、特によく毛が抜ける。掃除機をこまめにかける。**（モモ JRT さん）**

○毎朝ブラッシングするが、ほとんど効果なし。こまめに部屋を掃除するしかないと諦めている。**（チビ太小梅さん）**

○週3回はプラッキングしています。**（ハンナままさん）**

○掃除。掃除。掃除……。**（ミルさん）**

○とりあえずため息をつく。**（フォンテーヌさん）**

○悟りを開く。**（つかささん）**

Jack Column ❶

ジャックの気質

ジャック・ラッセル・テリアといえば、物怖じしない、そして好奇心旺盛で勇敢な気質。この気質ゆえに私たちはジャックと一緒にいろいろなところに出かけたり、さまざまなスポーツを楽しんだりすることができるわけですが、一方で「狂暴だ」とか「攻撃的」、「ハイパーだ」などとネガティブなことも言われます。

でも、もともとはこの犬種、猟においては巣穴に潜って獲物を追い出す役目を担っていたわけで、決して獲物をしとめるための犬種ではなかったはず。もちろん、猟犬なので体力が無尽蔵で勇敢な性格が求められてはいたのでしょうが、穴の中で獲物を殺してしまっては、ハンティングの楽しみを奪ってしまうわけで、本来は相手を殺してしまうような攻撃性は持たされていなかったはずです。そして、猟では馬やほかの猟犬も一緒に行動するため、ほかの犬との協調性もあったはず。そう考

えると、「ジャックだから」とあきらめるのではなく、子犬の社会化の時期や普段の生活の中での人や他の犬とのかかわり方をていねいに対処していけば、「ガウガウする」といったネガティブなイメージを払しょくできるのではないでしょうか。

ちなみに、好奇心旺盛で勇敢な気質とそのタフな体ゆえ、とも思いたくなるようなエピソードがジャックにはあります。犬種の中で唯一、北極と南極両方に行った記録が残っているのです。1979年から82年にかけて冒険家のラナルフ・ファインズ卿と一緒に地球縦断の旅に出たのがジャック・ラッセル・テリアのボシー。もちろん、ジャックだったのはたまたまかもしれませんが、ジャックの気質と体力であればこそ、成し遂げられたともいえるのではないでしょうか。

4

ジャックごはん。

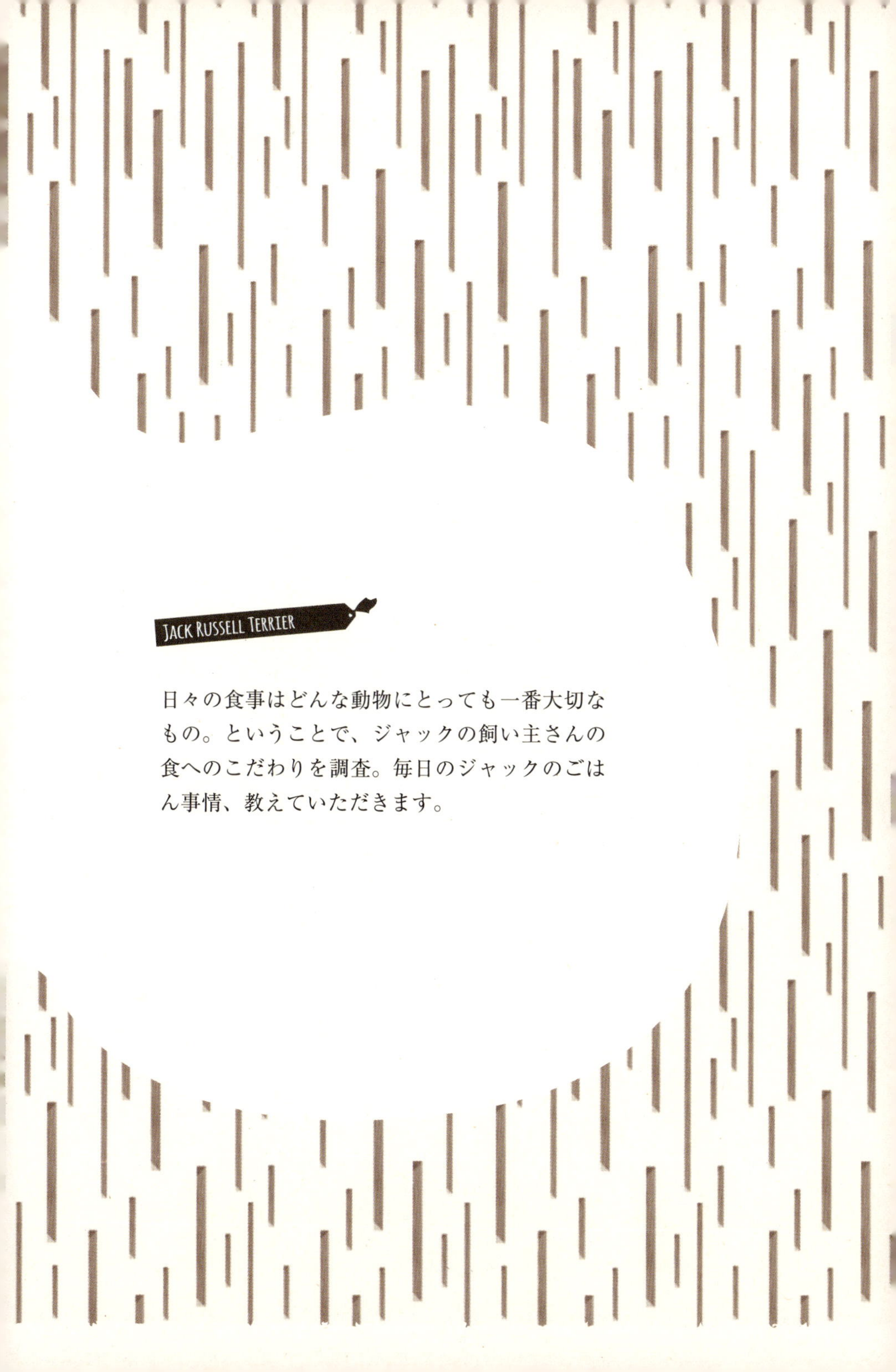

JACK RUSSELL TERRIER

日々の食事はどんな動物にとっても一番大切なもの。ということで、ジャックの飼い主さんの食へのこだわりを調査。毎日のジャックのごはん事情、教えていただきます。

フード派？　手作り派？

まずは普段、ジャック飼いのみなさんがどんなごはんをあげているのか、そのあたりから見ていきたいと思います。ドッグフード派の方と手作り食派の方の割合はどのくらいなのでしょうか。まずはここからみていきましょう。

ジャック式Data 34

みんなのジャック式アンケート

Q どんなごはんをあげていますか？

手作り派
5.8%

ドッグフード派
94.2%

○2頭ともドッグフードを与えています。
（てつみらママさん）

○生食。馬・羊・鶏・鹿・カンガルー・ラパンなどをローテーションで。プラス、手作りの野菜ペーストを一緒に。（ベルママさん）

○ドッグフードをトッピング程度にあげています。
（あなべるさん）

○鶏肉とごはんをベースにおからを混ぜて与えています。（むったさん）

○生食なのでいわゆるドッグフード系は日常的には与えていません。（atiさん）

おすすめのフードは？

ペットショップやホームセンターだけでなく、ネットでさまざまなドッグフードが買えるようになって、いったいどのフードが良いのか、迷う方も多いはず。それではみなさんがどんなフードをあげているのか、伺ってみたいと思います。

みんなの
ジャック式アンケート

Q 1日のお留守番時間は？

○オリジン。（サスキヨラブさん）

○ロイヤルカナンの満腹感サポートスペシャルを与えています。（沖村さん）

○ナチュラルチョイス　ラム＆玄米。（酒本和澄さん）

○哲之心：セレクトバランス（ラムシニア用）未来：セレクトバランス（ラム体重管理用）。（てつみらママさん）

○Medy coatメディコート。（ダンクママさん）

○プロフェッショナルバランス。（つかささん）

○ワイルドレシピ　ラム味。（ひとみさん）

○デビフ　ラムさつまいも　プラス　ラムライス（ドライ 無添加）。（イットクさん）

○闘病中のため、療法食です。（ランパパさん）

○キアオラ。（小鉄パパさん）

・ペディグリーチャム。（いっちーさん）

・アレルギー用のを食べているのでおすすめではありません。（Sakanaさん）

フード選びの基準。

さて、ジャック飼いのみなさんは、どんなポイントでドッグフードを選んでいるのでしょうか？　今や選びきれないほどたくさんのフードの種類があります。価格？　成分？　フードを選ぶ際に、どんなところに重きを置いているのか、伺ってみました。

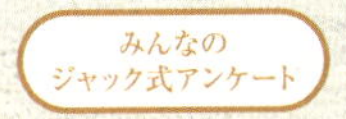

Q フード選びのポイントは？

○食いつき、バランス。（珠雄父ちゃんさん）

○肉の割合が多い。なるべくオーガニック。賞味期限。（山下紀子さん）

○含有物に体に良くないものが含まれていないかどうか。（ももJRTさん）

○添加物なし。小麦粉などを使ってない。国産。（あなべるさん）

○無添加のもの。（のりぴーさん）

○栄養バランス。穀類で、かさ増ししているものはシニア犬にとってはあまり良くないかなと思います。（サンディママさん）

○添加物の有無。食塩の有無。中国産ではないこと。（BERRYとその家族さん）

○好んで食べてくれるもの。（ケイティママさん）

○あまり値段が高過ぎず、栄養バランスの良いもの。（コベリンさん）

○グレインフリーであること。（ミーママさん）

○無添加。国産。ラム系。または鹿。（イットクさん）

○グレインフリー。私自身が実際に食べてみる。（アンナおっとさん）

○アレルギー対象の食べ物が入っていないこと。（平澤隆之さん）

○肉の質、鮮度にこだわりのあるフード。（平塚佳代さん）

○栄養バランスと食べやすさ。（ももままさん）

○肉副産物不使用、穀物不使用、無添加であること。（あゆみさん）

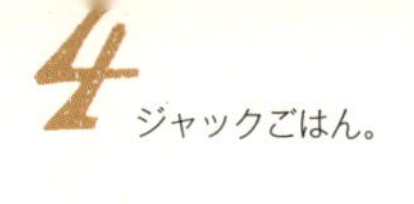

おやつについて。

人間のおやつと違い、犬のおやつはご褒美だったり、トレーニングなどで活用するため、欠かせないものです。それだけに、きちんとしたものをあげたい、という飼い主さんも多いのではないでしょうか。ということで、オヤツにどんなものをあげているのか伺いました。

みんなのジャック式アンケート

Q どんなおやつをあげていますか？

○なるべく添加物が入っていないガムなど。（かーりんさん）

○馬肉。（シュテままさん）

○カンガルーや馬のアキレスや素材そのもののジャーキー系。（平澤隆之さん）

○キャベツ。（とろんめるさん）

○馬肉鶏肉のジャーキーなど添加物なのが入っていないもの。（アンナおっとさん）

○肉そのももの加工品（乾燥したものなど）。（ミーママさん）

○豚耳、馬肉、ラム肉のおやつ。（まいまいさん）

○牛皮ガム。（ももままさん）

○鶏のささみを茹でたもの、ビスケット、歯磨きガム。（さっつんさん）

○砕いたヒマラヤチーズ、鳥のささみ等。（小林一元さん）

○ジャーキー、芋など。（河野位有さん）

○予算上、「国産」にこだわるくらいです。（ようちゃんさん）

○手作りおやつ（レバーや鶏肉をゆでたもの）。（かっし～さん）

○訓練の時にチーズ、ソーセージ、ジャーキーなど。（諸星さん）

○肉食女子なんで、動物性たんぱく質のおやつを好みます。馬肉（スジ）、すなぎも、ささみジャーキーが大好きです。（だいずとうちゃんさん）

健康のために あげているもの。

毎日の食事やおやつ以外にも、ジャックの健康を考えて食べさせているものってありますか？　最近ではいろいろな犬用のサプリメントも発売されています。また、ダイエットだったり、健康のために食べさせているものなどについて、お話を伺いました。

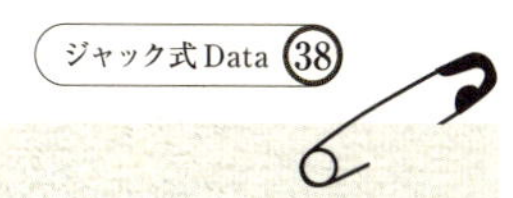

みんなの
ジャック式アンケート

Q 健康のためにあげているものは？

○野菜の酵素とサプリメント。（shiiさん）

○ヨーグルト。（ハンナままさん）

○グルコサミンのサプリメント。（諸星さん）

○人間が食べる時のついでにヨーグルトや納豆を少し。（つかささん）

○食べ物というか、サプリメント。ヨーグルトやビオフェルミン。（かっし〜さん）

○サプリメントを数か月前から（メシマコブゼウス）。（ベルママさん）

○野菜。トマト、カボチャオヤツ、きゅうり。（あゆさん）

○ヨーグルト。（こまきさん）

○内臓系と骨系を与えるようにしています。（atiさん）

○歯垢が付きにくくなるガムなど。（オーラベット）最近始めました。（てんちゃんさん）

○牛のテールを煮たものを、骨ごと。（フォンティーヌさん）

○乳清ジュース。（久保名保美さん）

○時期の旬の果物を食べる際に、少量ですがおすそ分けしています。（まっきーさん）

○体調に応じて食事を消化の良いものにかえたり、水分補給のため野菜や煮こごりを混ぜたりしている。（杏ボニ母さん）

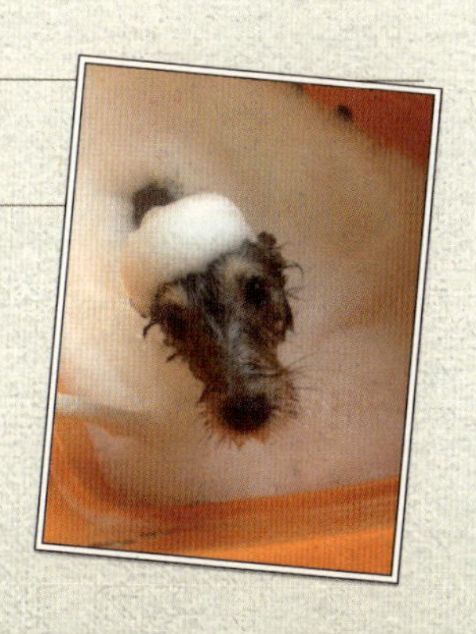

Jack
Gallery

MONAMOUR

5

ジャックの家計簿。

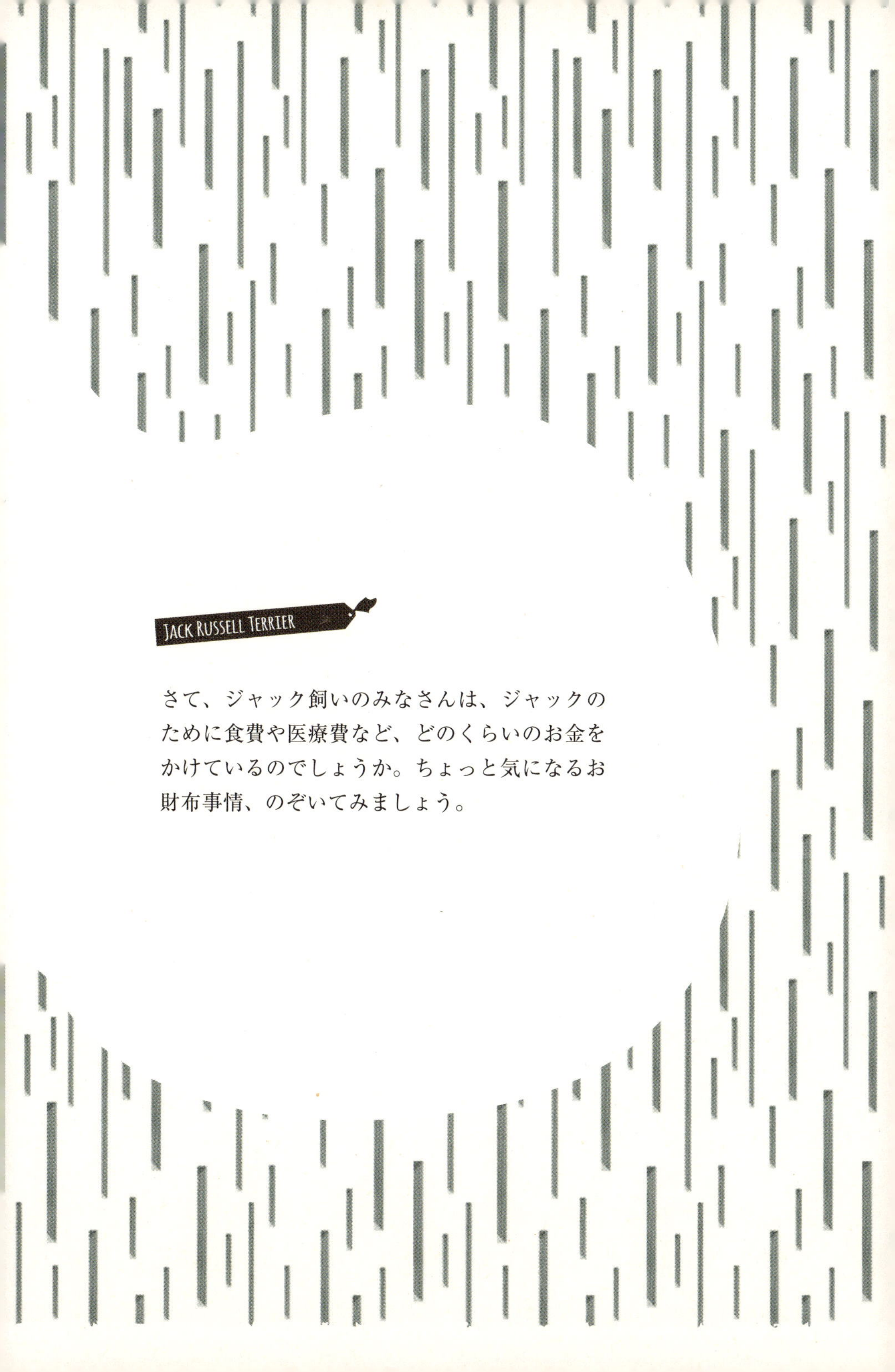

さて、ジャック飼いのみなさんは、ジャックのために食費や医療費など、どのくらいのお金をかけているのでしょうか。ちょっと気になるお財布事情、のぞいてみましょう。

ジャックの食費。

まずは毎月のジャックの食費から見てみたいと思います。前の章ではみなさんのこだわりの食事内容を教えていただきましたが、費用面ではどのくらいかかっているのでしょうか。実はお父さんよりいいもの食べてます？

みんなのジャック式アンケート

Q 毎月の平均の食費は？

月間平均の食費
約5,700円
（1頭あたり）

- 18,000円／月（3ジャックで）。（嫁さん）
- 1万円／月。（サスキヨラブさん）
- 4～5,000円／月。フード代＋おやつ代。（てんちゃんさん）
- 2,000円／月。（久保名保美さん）
- 4,000円／月。（大槻さん）
- 9,000円／月。（杏ボニ母さん）
- 2頭で8,000円くらい。（メルシーママさん）
- 10,000円強／月。（こまちさん）

ジャックの医療費。

続いては、ジャックにかかる医療費について。なんとなく健康優良児的なイメージのあるジャックですが、生き物である以上、病気はつきもの。思いがけない事故なども起こりえます。金額は病気の有無でもかわってきますが、年間の金額でみてみましょう。

ジャック式Data 40

みんなのジャック式アンケート

Q ジャックの医療費どれくらい？

年間平均の医療費 約**46,000**円

- ○30,000円。（聖子さん）
- ○10,000円ほど。（まいまいさん）
- ○100,000円くらい。（コムアズグリさん）
- ○年1回の健康診断で約12,000〜15,000円位+他診察代金5,000円程度。（てんちゃんさん）
- ○狂犬病予防接種(手数料込）4,000円、8種混合ワクチン接種　8,600円、レントゲン検査　5,400円、血液検査　5,400円、爪切り・肛門腺しぼり　864円、ネクスガード　スペクトラ　5,000円その他。（サンディママさん）
- ○30,000円くらい。（村本理恵さん）
- ○今のコはほとんど病気をしない。予防接種と定期健診代くらい。30,000円弱くらいかな。（トムさん）
- ○100,000円くらい。（ジャックにぎやか家さん）

いちばんお金がかかったこと。

突然の病気やケガでの医療費だったり、部屋の改装費など、犬にまつわる大きな出費について、みなさんからエピソードを寄せていただきました。予想されていた出費ならよいのですが、想定外の出費の場合、血の気が引きますよね。でも命にかかわることの場合、どうしようもないんですよねえ。

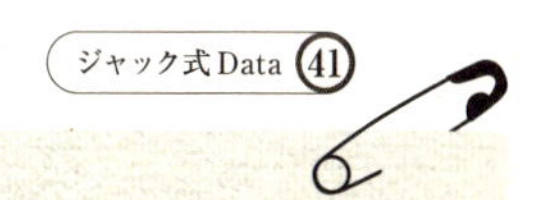

みんなのジャック式アンケート

Q いちばんお金がかかったことは？

○今の病気を発症して命を落としかけ、１週間毎日通院して注射点滴をした時、９万円/1週間。（ランパパさん）

○目が急に腫れだして、救急でレントゲンを撮りました。２万円くらいです。（はっちさん）

○先住犬の子宮蓄膿症の治療費50万くらい。今の子たちはほとんどかかっていません。（メルシーママさん）

○肺がんになった子がいたので何度か抗ガン剤を投与しました。検査なども含めると20～30万。（ジャックにぎやか家さん）

○清志郎の異物誤飲手術。十万円くらい。（サスキヨラブさん）

○ワンコの購入が入るなら購入金です。17万くらいです。それ以外なら、去勢の手術代、３万円弱。（ひとみさん）

○未来の訓練費用と試験費用、270,000円程度。（てつみらママさん）

○しつけトレーニング。30万ほど。（沖村さん）

○先代が肝臓癌で精密検査に23万円。現在の子はこの子を買うのに26万円。（ハンナままさん）

○ウチのＪＲＴは３頭とも保護犬なのでアカラス治療が一番かかっていると思います。１回5,000円くらいを各８週間。（こはく姐さん）

○脾臓摘出手術。約25万円。（あなべるさん）

○香港と日本の間の引っ越し。50万ほど。それ以外は麻酔をして歯の歯石を取った時。３万くらいかかったと思う。（大澤和子さん）

○抜歯で10万。ただし後日保険で７割返金。（イットクさん）

Jack Column❷

ジャックの気をつけたい疾患

ジャック・ラッセル・テリアには、いくつか気をつけたい遺伝性が疑われる病気があります。ひとつはレッグペルテス。後ろ足の大腿骨の骨頭部分に血が通わなくなって壊死を起こす病気で、遺伝との関連性が疑われています。症状としては、後ろ足を引きずるようにして歩きます。この病気は生後1歳くらいまでに発症するので、散歩中などに後ろ足の動きをしっかり観察して、歩き方が変だと感じたら、動物病院で診てもらうとよいでしょう。早期に発見して治療を行うことが大切です。

また、膝蓋骨脱臼も気を付けたい病気です。パテラとも呼ばれるこの病気は、生後4、5か月くらいから発症する例も多いのですが、脱臼を恐れて運動を制限させると、成長期なので発育に支障をきたすことも考えられます。ですので、運動させ

過ぎないように気をつけつつ、適度な運動は行わなければならず、なかなか難しいところです。軽度であればサプリメントを活用したり、生活エリアの床材を滑らないようにするなどの工夫をして悪化を防ぎます。程度が軽いうちに対処することが大切ですので、動物病院で健康診断や予防接種の際などに、こまめに見てもらうようにしましょう。

このほかにも皮膚疾患や白内障など、遺伝性が疑われる病気もいくつかありますが、いずれにせよ、早いうちに見つけて対応策を練ることが、その後の生活においても重要になります。早期発見のためにも毎日の生活の中での体の動かし方や微妙な変化を見逃さないよう、チェックをしてあげてください。

Jack
Gallery

6

ジャックの健康と病気。

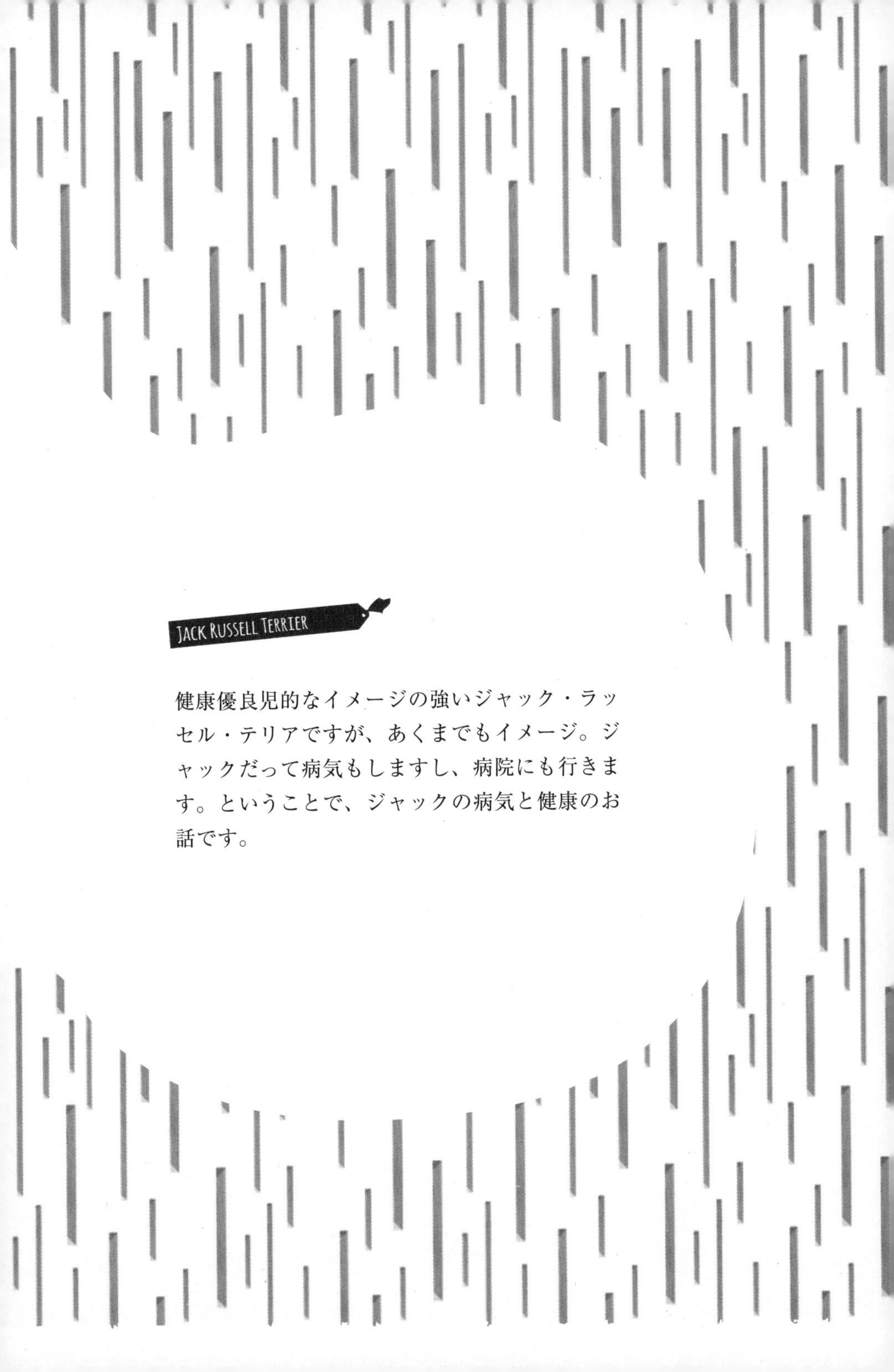

健康優良児的なイメージの強いジャック・ラッセル・テリアですが、あくまでもイメージ。ジャックだって病気もしますし、病院にも行きます。ということで、ジャックの病気と健康のお話です。

病院に行くペース。

年齢や持病の有無でかなり変わってくるとは思いますが、持病がなくてもこまめに動物病院に行っておけば、病気の早期発見につながることもあります。まずは、普段、動物病院に行くペースはどのくらいなのでしょうか。

ジャック式Data 42

みんなのジャック式アンケート

Q 動物病院に行くペースは？

- ○ワクチン、年1回の健康診断。（ハンナままさん）
- ○胆泥症なので月に1回お薬を処方してもらうのに通っています。（嫁さん）
- ○半年に1度。（メルシーママさん）
- ○年に5回くらい。（ふーこさん）
- ○毎月。（村本理恵さん）
- ○年2、3回。（大澤和子さん）
- ○二匹とも持病はないのでワクチンや予防薬をもらうときの3回/年。（てつみらママさん）

回答	割合
月に1回	18%
3か月に1回	12%
半年に1回	37%
年に1回	21%
週に1回	7%
その他	5%

行きつけの病院はありますか?

安心できるホームドクターがいることは、犬にとっても、飼い主さんにとっても大切なこと。とはいえ、通いやすいところによい病院があるかどうか、先生との相性などなかなか難しい問題でもあります。

ジャック式Data 43

みんなのジャック式アンケート

Q 行きつけの病院はありますか？

○近所の病院です。（サンディママさん）

○先代からお世話になっている近所の病院と急患で見てくれる病院の２軒。（ともさん）

○昔からお世話になっていた病院の先生が高齢になったので、他の病院を探し中。（フォンテーヌさん）

○現在、まだ見つかっていなくて近所の病院をはしごしています。（メイさん）

動物病院選びのポイント。

みなさんは動物病院を選ぶ時に、どんなポイントを重視していますか？　先生の腕や評判？　それとも施設の設備？　通院にかかる時間も重要だったりしますよね。何に重きを置くかはそれぞれ異なると思いますが、みなさんがどんな基準で選んでいるのか、気になるところです。

ジャック式 Data 44

みんなの
ジャック式アンケート

Q 動物病院選びの基準、教えてください

○第一に、評判が悪くないこと。(miWa*さん)

○犬飼いさんから得る評判。診療時間。 先生がキチンと説明をおこなってくれるかどうか。(BERRYとその家族さん)

○先生がよく話を聞いてくれる。紹介してくれる提携の大病院がきちんとしているか。先生が優しい（犬が、喜んでいきます）。いろんな選択肢があることを、説明してくれる。病気のことなど、書物や図を見せながら説明してくれる。最悪、抱えて連れて行ける距離にあること。(サンディママさん)

○家から近い。ドクターの腕と人間性。清潔さ。(村本理恵さん)

○ちょっとしたことでもすぐに相談できる病院と、24時間いつでも対応してくれる病院と、しっかり検査設備がある病院。最低でもこの3軒を探してキープ。(フォンテーヌさん)

○自分と先生との相性。先生への信頼度。(嫁さん)

○ブリーダーさんからの指定。(こまちさん)

○医師やスタッフさんの犬の扱い方、説明の丁寧さ、家からの近さ。(つかささん)

○ポイントになるかどうかわかりませんが、徒歩3分のところにドクターも設備も充実した病院があるので、赤ちゃん時代からお世話になっています。(ナッツママさん)

○病気や怪我によって専門病院を選ぶようにしています。(atiさん)

気になる病気。

基本的にはジャックは健康で元気いっぱいな犬種だとは思いますが、たとえそうでも飼い主としては、病気は常に気になる問題。ジャック飼いのみなさんが普段から気にしている病気について、うかがってみました。

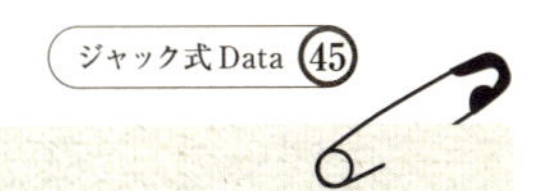

みんなの
ジャック式アンケート

Q 気になる病気はありますか？

○元々アレルギー体質だったのか皮膚病だったので、食べ物には気をつけています。添加物を極力減らし、手作り食がメインです。（はっちさん）

○ALT、GOT値、白内障、皮膚疾患。（ミニティンさん）

○誤食、関節など。（珠雄父ちゃんさん）

○よく高いところに行ったり、ジャンプするので関節の炎症や骨の異常がないか。（ひとみさん）

○病気ではないけど、食物アレルギーがあるのでそこは気を付けています。（Sakanaさん）

○後ろ足が弱い子が多い事（骨の変形）。止まることを知らないくらい動き回るので、飼い主が気を付けてクールダウンの時間を作ってあげること。肝臓の数値が生まれつき高い子が多いので、ジャーキー等のおやつは極力食べさせないこと。（サンディママさん）

○ジャンプや飛びつきで腰を痛めたことがあるので、ヘルニア、関節には気を付けています。（デデママさん）

○先代が皮膚が弱かったので気になっているが今の所大丈夫そう。（ハンナままさん）

○活発なのでケガには注意し、ジャックがなりやすい皮膚トラブル防止の為にブラッシング。月1回のシャンプー。（モモのママさん）

○フィラリアは必須にして、外で遊ぶのが大好きなので、ノミ、ダニの予防に気をつけています。（だいずとうちゃん）

○先代のジャックが心臓疾患での突然死をしたので、心臓系の病気や兆候。（小林一元さん）

持病、ありますか？

今回のアンケートでは、ジャック飼いのみなさんに、現在飼っているジャックに持病があるかどうかも伺いました。つらい闘病生活の中、ご協力いただきありがとうございます。長期間付き合っていかなければならない病気の場合は本当に犬も飼い主さんも大変ですよね。回復を心よりお祈りいたします。

みんなの
ジャック式アンケート

Q 持病、ありますか？

○前足が尺骨成長板早期閉鎖症で少し曲がっています。激しいスポーツと体重増加に注意するように言われました。（ふーこさん）

○てんかん。発作などは起こっていないが薬を飲んでいます。（アンナおっとさん）

○病気ではありませんがアレルギー体質です。（平澤隆之さん）

○乳腺腫瘍、変形性関節症、MR。（えりちんさん）

ペット保険、使っていますか？

以前と比べ、ペット保険の認知度自体はかなり高くなってきました。とはいえ、実際にはどのくらいの方が利用されているのでしょうか。保険に入っているかどうか、ジャック飼いの皆様に伺ってみました。

ジャック式Data 47

みんなのジャック式アンケート

Q 病院に行くペース？

○入ろうと思った時には年齢的に入れなかった。（フォンテーヌさん）

○入っています。（小林一元さん）

○入っていますが、使ったことはまだありません。（ピラフさん）

○サスケは1歳まで。清志郎は入っています。（サスキヨラブさん）

Jack Column❸

ジャックとフォックス

現在、ジャック・ラッセル・テリアの日本での登録棟数は2016年で4,115頭（JKC犬種別犬籍登録数データ）。犬種でいえば16番目に多い人気犬種です。とはいえ、犬種としては、とても新しい犬種でもあります。ジャック飼いの方にとっては、今更な話かもしれませんが、この小型のテリアは1800年代にイギリスでジョン・ジャック・ラッセル牧師により作出され、その後1972年にオーストラリアでオーストラリア・JRT・クラブが設立され、発展していきます。1990年代に入ってFCIに公認され、2016年にイギリスのケネルクラブでも公認犬種となりました。90年代といえばほんの少し前のことです。

ちなみにジャック・ラッセル・テリアのベースといわれるフォックス・テリア。こちらは非常に古い犬種ですので、いろいろな犬種の作出にかかわっています。ジャックの親戚ともいえるパーソン・ラッセル・テリアはもちろんのこと、江戸時代に平戸に入ってきたスムース・フォックス・テリアを祖とする日本テリアなど世界各地にその血を伝えています。フォックス・テリアと近縁の犬種を一度並べて見比べてみたいなあ。

古い図鑑に残るフォックス・テリアの写真。どことなくジャックの面影も？

Jack
Gallery

SKYDOG MODEL MIDDLE DISC

7

ジャックと暮らす。

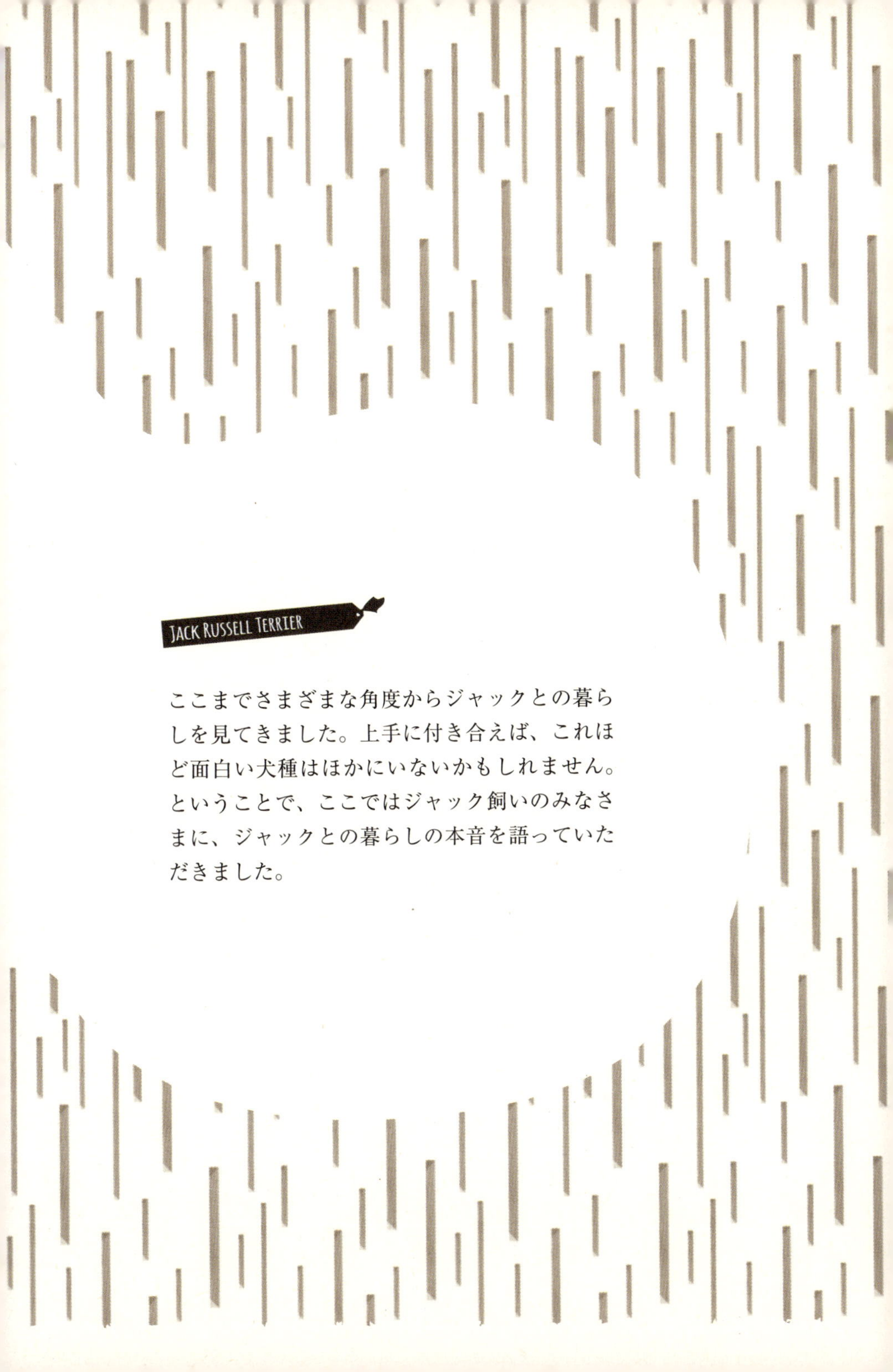

ここまでさまざまな角度からジャックとの暮らしを見てきました。上手に付き合えば、これほど面白い犬種はほかにいないかもしれません。ということで、ここではジャック飼いのみなさまに、ジャックとの暮らしの本音を語っていただきました。

次に飼うときは……。

現在、ジャックを飼っている方にぜひ聞いてみたかった質問。「もし次の犬を飼うときはどの犬種にしますか？」。予想通りというか、予想以上にジャックというお答えが集中しました。やっぱりこのくらいよくも悪くも個性豊かな犬種と付き合うと、なかなかほかに目移りしにくいですよね。

みんなのジャック式アンケート

Q 次もジャックを選びますか？

○ジャックを選びます。（いっちーさん）

○ジャックラッセルだと思う。（珠雄父ちゃんさん）

○もし飼うならまたジャックがいい。（つかささん）

○今は、ジャックしか考えられない。（だいずとうちゃんさん）

○ジャックを選べたらいいな。（板井謙児さん）

○はい、ジャックです！（平澤隆之さん）

○やっぱりジャック。（かーりんさん）

○次もジャックがいいです。（まいまいさん）

○理想はジャックですが、自分の年齢体力との相談ですね。（フォンテーヌさん）

○まだわからない。（杏ボニ母さん）

他の犬種 3.3%
不明1.1%
次もジャック 94.6%

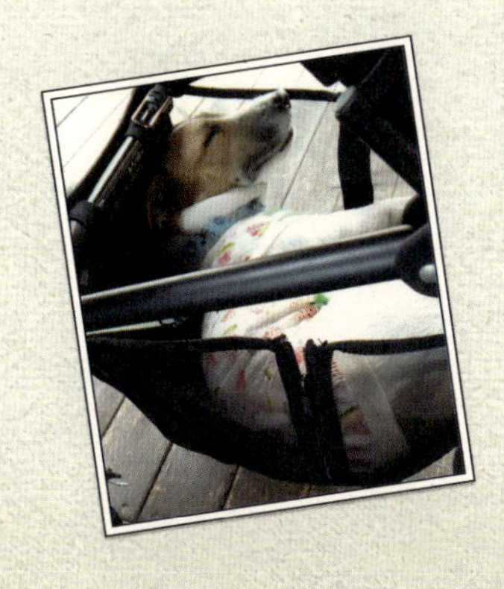

飼ってみて、大変だったこと。

よくクセが強いとか、飼うのが大変といったややネガティブな話も耳にするジャックですが、実際のところ、飼ってみて大変だったのはどんなところなのでしょうか。ジャック飼いのみなさんの本音を伺ってみました。

みんなのジャック式アンケート

Q 飼ってみて、大変だったことは？❶

○力が強いこと、興奮しやすいこと。（つかささん）

○パピーの時の甘噛みくらいです。これはジャックだけじゃなく、パピーにはあることなので、大変なことはないと言ってもいいくらいです。（ひとみさん）

○同じ小型犬でも力が強いので、他の犬と喧嘩にならないよう常に気をつけています。（だいずとうちゃんさん）

○散歩をさぼれない。（山下紀子さん）

○抜け毛。（えりちんさん）

○元気過ぎて、手にあまってしまいますが、同時にジャックの醍醐味でもあります。（平澤隆之さん）

○ジャックだから大変と言うことはないと思う。（杏ボニ母さん）

○やんちゃすぎ。ずるがしこい。（あゆさん）

○基本的にわんぱくです、でもそれがたまらなく好きです。（沖村さん）

○大変と思ったことはないですが、とてもやんちゃで遊び好きな犬種なので、着せ替えを楽しんだりカフェでまったりを想像して飼うと犬がかわいそうだと思います。（ナッツママさん）

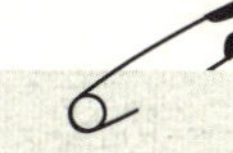

みんなの
ジャック式アンケート

Q 飼ってみて、大変だったことは？❷

○スイッチのＯＮ／ＯＦＦが激しい。でもそれがいいところでもあります。（小鉄パパさん）

○特にない。飼いやすい犬だと思います。（ふーこさん）

○全くなし。とても飼いやすい。（村本理恵さん）

○楽しいことばかりです。（atiさん）

○幾つになっても落ち着きが無いんですが、飼い主が悪いと思っています。（コベリンさん）

○無いですただ、周囲がジャックラッセルに偏見をかなり抱いているのが気になります。うちの子は、大人しいのに問題児扱いされることがある。（あなべるさん）

○プラッキングできるトリマーさんが少ないので、遠くまででかける。（ミーママさん）

○とにかく毛が抜ける!!（ジンママさん）

○運動量と好奇心に気をつけること。（イットクさん）

○小型犬だけど、小型犬ドッグランでは大体嫌がられる。（いっちーさん）

○可愛くて楽しい方が多いですね。（モナママさん）

○いろんな問題行動の原因などを勉強し、パピーのころからしつけをすれば大変なことはないと思います。ただし、しつけが入りやすいかどうかの個体差はあると思いますが。（ようちゃんさん）

相談相手、いますか？

個性の強い犬種だからこそ、しつけや飼い方でちょっと困ったときなどに相談できる人がいると心強いものです。ジャック飼いのみなさんは、そういった時どんな人に相談をしているのでしょうか。そのあたりのことを伺ってみました。

みんなの
ジャック式アンケート

Q 気になる病気は？

○トレーナーをしている友人。(村本理恵さん)

○近所の多頭飼いの飼い主さん。(聖子さん)

○ブリーダーさん、同じ犬種の友人、ＳＮＳのジャックのグループの人。(モナママさん)

○SNSのオフ会メンバー。心強いです。(イットクさん)

○トリマーさん、ブリーダーさん、犬友達。(あなべるさん)

○同じ犬を飼っている職場の人（いっちーさん）

○インスタグラムのジャックを飼っているお友達です。(コペリンさん)

○お散歩の時に会う犬仲間やかかりつけ獣医さんです。(はっちさん)

○躾教室のトレーナー。同じ犬を飼っている友人(躾教室の先輩やFB仲間)。(サスキヨラブさん)

○ジャック飼いのお友達。(のりぴーさん)

○ブリーダーさんとブリーダー繋がりの友達。(ジャックにぎやか家さん)

○出身ケネルのブリーダーさん。(ミーママさん)

これからジャックを飼いたい方にひと言。

最後に、これからジャック・ラッセル・テリアを飼いたいと考えている方に、アドバイスをお願いしていました。実際にジャックを飼っている方の意見だけに、リアルで重みがあります。ご協力いただきましたみなさま、ありがとうございました。

ジャック式Data 51

みんなのジャック式アンケート

Q これからジャックを飼いたい方に……❶

○ジャック・ラッセル・テリアは大変といわれますが、どの犬種も飼い主次第。忠実で面白く愛くるしい犬です。楽しいジャックライフを！（ミーママさん）

○大変だけど、とても楽しいわんこです。（渡瀬尚子さん）

○とにかく一緒にいて楽しい犬種です。ワンコとアクティブに楽しみたいならジャックは最高のパートナーです。（だいずとうちゃんさん）

○一緒に遊んだり旅行したりすることが楽しい犬ですが、テリアが初めてであれば、最初のうちはトレーナーにお世話になったほうがいいのかもしれません。（りんぱーるばばさん）

○生活が豊かになります。思いがけないことに戸惑いもあるかもしれませんが、それも含めてジャック・ラッセルだと思います。豊かな感情の変化を楽しんでいただきたいです。犬を飼う。というより、ジャック・ラッセル・テリアという犬種をたのしんで欲しいです。（沖村さん）

○運動不足でなければとても楽しく病気も少ない丈夫な犬種だと思います、たくさん一緒に遊んであげてください。（酒本和澄さん）

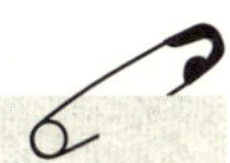

みんなの
ジャック式アンケート

Q これからジャックを飼いたい方に……❷

○ JRTだけではなく犬を飼うということは責任があるということ、自分の癒しではなく共に生活するパートナーであるということ。家族としてJRTを選ぶのであれば犬種の特性を理解し認めてともに楽しむ気持ちをもてることが大切だと思います。**(てつみらママさん)**

○ ジャックと言っても、人と同じように優しくて引っ込み思案な子もいれば、物凄く元気なザ・ジャック!と言われる子もいます。一番大切なのは、修正きちんと向き合える覚悟があるかだけでいいと思います。信頼関係ができれば、落ち着いて生活できますし、お留守番もきちんとできます。でも、約束を破ると大変なことに・・・(笑)。イタズラしても、やんちゃをしても、癒されることしかありません。ジャックの魅力を、たくさん知って、一緒に楽しんでほしいなと思います。**(サンディママさん)**

○ ネットの情報など見ると、大変な犬!みたいに言われているけれど、そんなことはまったく無いです。しっかりトレーニングすれば約束をしっかり守れる賢い犬種だと思います。**(ふーこさん)**

○ 覚悟して飼ってください。見た目だけで飼わないで。**(あゆさん)**

○ かなり運動量がいります。力も強いです。元気です。全てに対応できるのか、よく家族で話し合って飼ってほしいです。もちろん、終生愛情をもち、家族同然に、出掛けるときはできる限り連れて行ってあげてください。家具や、壁紙、物は必ず壊されると思って下さい。吠える声もかなり大きいです。でもそれ以上に私達に幸せや、喜びを与えてくれます。**(コムアズグリさん)**

Jack
Gallery

デザイン・装丁：メルシング
イラスト：ヨギトモコ
写真：中村陽子（Dog 1st）

賢くてアクティブな
ジャック・ラッセル・テリアとの暮らしの知恵と工夫
ジャック式生活のオキテ　NDC 646

2017年10月10日　発　行

編　者　ジャック式生活編集部
発行者　小川 雄一
発行所　株式会社 誠文堂新光社
〒113-0033　東京都文京区本郷3-3-11
（編集）電話03-5800-5751
（販売）電話03-5800-5780
http://www.seibundo-shinkosha.net/

印刷所　株式会社 大熊整美堂
製本所　和光堂 株式会社

ISBN978-4-416-71714-1